DIANGONG
JIBENJINENG
SHIXUN

电工基本技能实训

U0188280

孙　巍
编　著

上海科学技术出版社

内 容 提 要

本书以模块化的方式讲解了包括动力及照明电路的接线调试与维修、低压电器及电动机的拆装维修、电子电路的安装与调试、电气控制电路的接线与调试、电动机控制电路的维修等内容。

图书在版编目（CIP）数据

电工基本技能实训 / 孙巍编著. -- 上海 : 上海科学技术出版社, 2023.3（2024.1重印）
ISBN 978-7-5478-6066-3

Ⅰ. ①电… Ⅱ. ①孙… Ⅲ. ①电工学一教材 Ⅳ. ①TM1

中国国家版本馆CIP数据核字(2023)第016049号

电工基本技能实训
编著/孙 巍

上海世纪出版(集团)有限公司
上 海 科 学 技 术 出 版 社 出版、发行
(上海市闵行区号景路 159 弄 A 座 9F - 10F)
邮政编码 201101 www.sstp.cn
上海当纳利印刷有限公司印刷
开本 787×1092 1/16 印张 10.75
字数：280 千字
2023 年 3 月第 1 版 2024 年 1 月第 2 次印刷
ISBN 978 - 7 - 5478 - 6066 - 3/TM · 79
定价：50.00 元

本书如有缺页、错装或坏损等严重质量问题，请向工厂联系调换

前言 Preface

本书编写过程始终贯穿“以电工五级标准为依据，以企业需求为导向，以职业能力为核心”的理念，采用模块化的编写方式，适用于电工（五级）职业技能培训。全书分为27个课题单元，主要内容包括动力及照明电路的接线调试与维修、低压电器及电动机的拆装维修、电子电路的安装与调试、电气控制电路的接线与调试、电动机控制电路的维修等。

本书由上海市高级技工学校、上海工程技术大学高等职业技术学院教师孙巍编写。在内容上，力求做到理论与实际相结合，符合循序渐进的教学要求，从打好基础入手，突出机电类教学的特点。技能实训依据由浅入深、由易到难的教学原则，力求培养出基本水平应用能力强的学生，使他们能得心应手地运用所学的知识，为今后技能学习打下扎实、牢固的基础。

本书整合了电工五级所需掌握的基本知识和技能实践，实用性强。本书适合高等职业院校、高等专科院校、中等职业院校机电类相关专业作为教材使用，也适合用作参加电工五级职业技能鉴定考试前的复习教材。

作者热诚期望本书能对职业教育做出些许贡献。由于作者的实践经验和理论水平有限，书中疏漏之处在所难免，恳请读者提出宝贵意见和建议。

孙 巍

2023年1月

目录 Contents

课题 1 万用表与常用电工工具的使用

实训目的

（1）了解万用表的使用。

（2）掌握万用表的测量技能。

（3）认识常用电工工具。

（4）掌握常用电工工具的使用技能。

任务分析

掌握万用表的使用、检测方法。认识常用电工工具，掌握常用电工工具的使用技能。

基础知识

一、万用表的使用

（一）数字万用表

数字万用表（图 1－1）可用来进行直流和交流电压、直流和交流电流、电阻、电容、电感、二极管、三极管 hFE 的测量及连续性测试，并具有自动断电功能。整机电路设计以大规模集成电路双积分 A/D 转换器为核心，并配以全过程过载保护电路，使之成为一种性能优越的工具仪表，是实验室、工厂、学校及电子爱好者的首选。

图 1－1　UT58D 型数字万用表

1. 操作前注意事项

（1）当黄色电源（POWER）开关被按下时，仪表电源即被接通；黄色 POWER 开关处于弹起状态时，仪表电源即被关闭。检查 9 V 电池，如果电池电压不足，“▭”或“BAT”将显示在显示屏上，这时应更换电池；反之则按以下步骤进行。

（2）表笔插孔旁边的△！符号，表示输入电压或电流不应超过标示值，以保护内部线路免受损伤。

（3）测试前，功能开关应放置于所需量程上。

2. 外形结构

外形结构如图 1－2 所示。

3. 按键功能

（1）电源。当黄色 POWER 键被按下时，仪表电源即被接通；黄色 POWER 键处于弹起状态时，仪表电源即被关闭。仪表工作 15 min 左右，电源将自动切断，仪表进入休眠状态。

（2）数据保持显示。按下蓝色 HOLD 键，LCD 显示屏上保持显示当前测量值，再次按一下该键则退出数据保持显示功能。

4. 显示符号及对应说明

显示符号如图 1－3 所示，其对应说明见表 1－1。

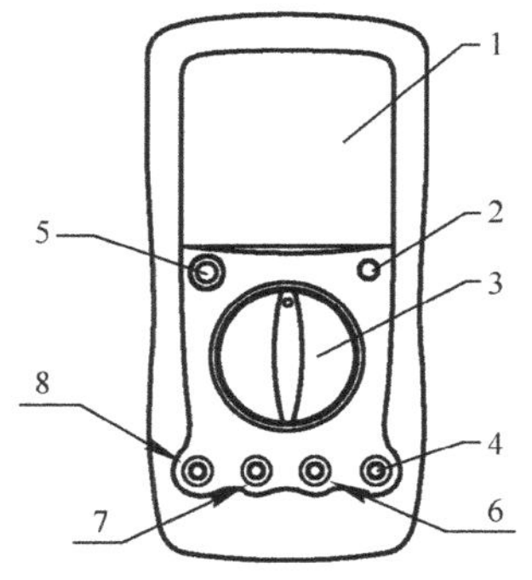

1—LCD 显示屏；2—数据保持(HOLD)显示按键；
3—量程开关；4—公共输入端；5—电源(POWER)开关；
6—V、Ω 输入端；7—mA 测量输入端；8—20 A 电流输入端。

图 1－2　外形结构

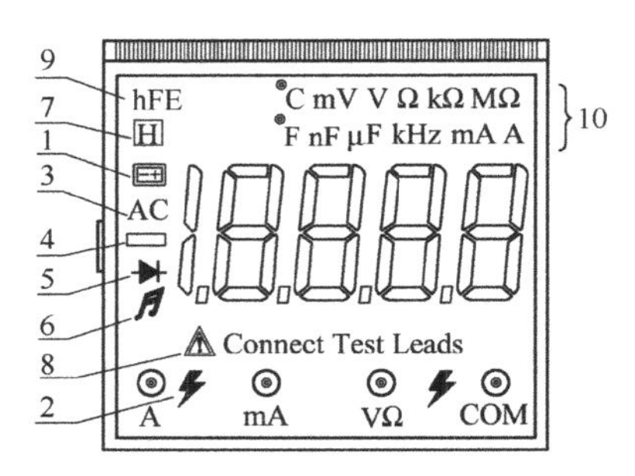

图 1－3　显示符号

表 1－1　显示符号对应说明

序号	符号	说　　明
1	⊟	电池电量不足
2	⚡	警告
3	AC	测量交流时显示
4	▭	显示负的极性
5	▶|	二极管测量提示符
6	♬	电路通断测量提示符
7	Ⓗ	数据保持提示符
8	⚠	Connect Terminal 输入端口连接提示
9	hFE	三极管放大倍数提示符
10	mV、V	电压单位：毫伏、伏
	Ω、kΩ、MΩ	电阻单位：欧、千欧、兆欧
	μA、mA、A	电流单位：微安、毫安、安
	℃、℉	摄氏温度、华氏温度
	kHz	频率单位：千赫兹
	nF、μF	电容单位：纳法、微法

5. 测量操作

(1) 直流电压测量。

操作方法如图 1－4 所示。

1) 将红表笔插入“VΩ”插孔，黑表笔插入“COM”插孔。

2) 将功能开关置于 V⎓ 量程挡，并将表笔并联到待测电源或负载上，同时注意正、负极性。

3) 从显示屏上读取测量结果。

4) 如果不知道被测电压范围，将功能开关置于大量程并逐渐降低量程(不能在测量中改变量程)。

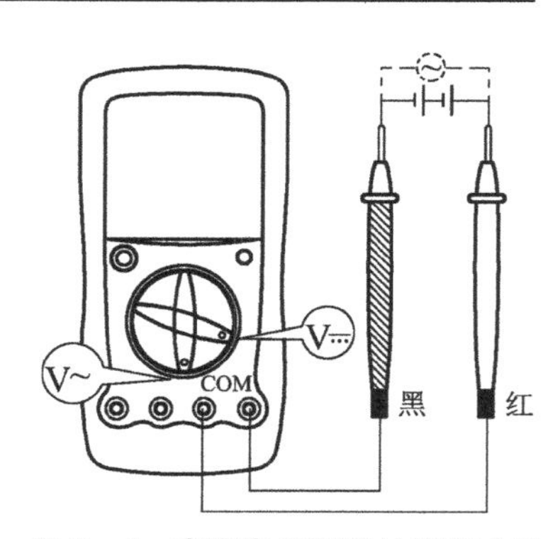

图 1－4　直流电压测量的连接方法

5）如果显示“1”，表示过量程，功能开关应置于更高的量程。

6）△！表示不要输入高于万用表要求的电压，显示更高的电压只是可能的，但有损坏内部线路的危险。

7）测高压时，应特别注意避免触电。

（2）交流电压测量。

操作说明类同直流电压测量。

（3）直流电流测量。

操作方法如图1-5所示。

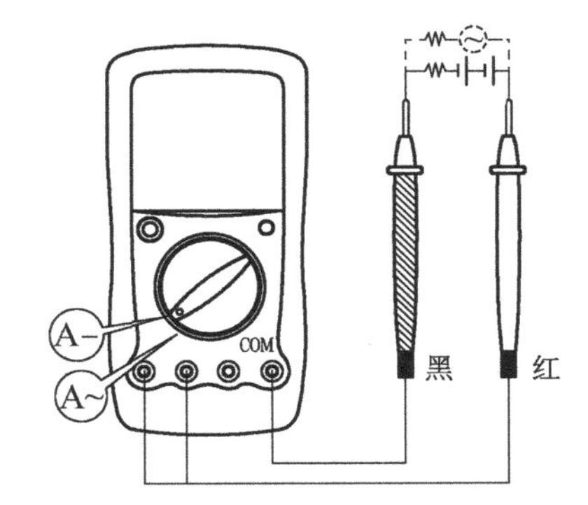

图1-5　直流电流测量的连接方法

1）将红表笔插入mA或20 A插孔（当测量200 mA以下的电流时，插入mA插孔；当测量200 mA及以上的电流时，插入20 A插孔），黑表笔插入COM插孔。

2）将功能开关置A⎓量程，并将表笔串联接入到待测负载回路中，同时注意正、负极性。

3）从显示屏上读取测量结果。

4）如果使用前不知道被测电流范围，将功能开关置于最大量程并逐渐降低量程（不能在测量中改变量程）。

5）如果显示屏只显示“1”，表示过量程，功能开关应置于更高量程。

6）△！上表示最大输入电流为200 mA或20 A（10 A），取决于所使用的插孔。过大的电流将烧坏保险丝，20 A（10 A）量程无保险丝保护。

7）最大测试压降为200 mV。

（4）交流电流测量。

操作说明类同直流电流测量。

（5）电阻测量。

操作方法如图1-6所示。

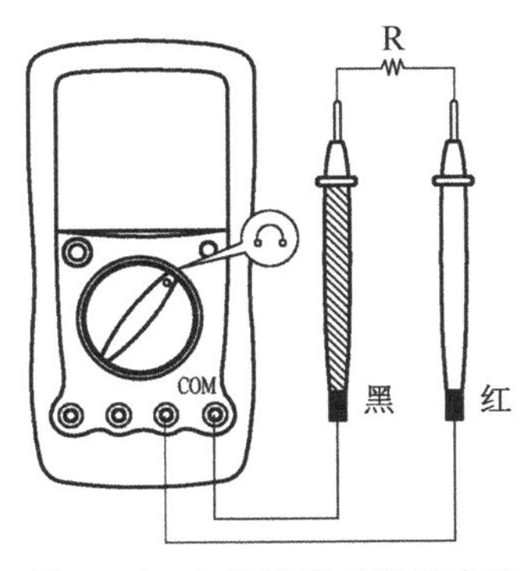

图1-6　电阻测量的连接方法

1）将红表笔插入“VΩ”插孔，黑表笔插入COM插孔。

2）将功能开关置于Ω量程，将表笔并接到待测电阻器上。

3）从显示屏上读取测量结果。

4）如果被测电阻超出所选择量程的最大值，将显示过量程“1”，应选择更高的量程。对阻值大于1 MΩ或更高的电阻，要几秒钟后读数才能稳定。对于高阻值读数而言这是正常的。

5）当无输入时，如开路情况，显示为“1”。

6）当检查内部线路阻抗时，要保证被测线路所有电源断电，所有电容器放电。

7）200 MΩ短路时约有4个数字，如测100 MΩ电阻时，显示为101.0，左数第四个数字应被减去。

8）在测量电阻时，应注意一定不要带电测量。

（6）二极管和蜂鸣通断测量。

操作方法如图1-7所示。

1）将红表笔插入V/Ω插孔，黑表笔插入COM插孔。

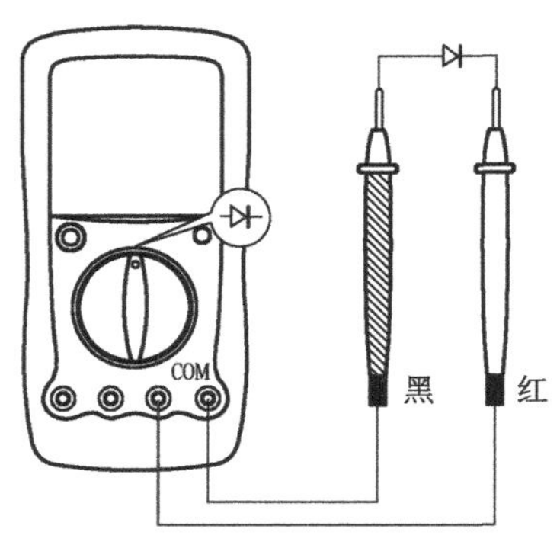

图 1-7 二极管和蜂鸣通断测量的操作方法

2）将功能开关置于二极管和蜂鸣通断测量挡位。

3）如将红表笔连接到待测二极管的正极，黑表笔连接到待测二极管的负极，则 LCD 上的读数为二极管正向压降的近似值。

4）如将表笔连接到待测线路的两端，若被测线路两端之间的电阻在 70 Ω 以下，仪表内置蜂鸣器发声，同时 LCD 显示被测线路两端的电阻。

5）如果被测二极管开路或极性接反(即黑表笔连接的电极为＋，红表笔连接的电极为－)，LCD 将显示 1。

6）用二极管挡可以测量二极管及其他半导体器件 PN 结的电压降。对一个结构正常的硅半导体，正向压降的读数应为 500～800 mV。

7）为了避免仪表损坏，在线测试二极管前，应先确认电路电源已被切断、电容器已放完电。

8）不要输入高于直流 60 V 或交流 30 V 的电压，避免损坏仪表及造成人身伤害。

(7) 电容测试。

操作方法如图 1-8 所示。

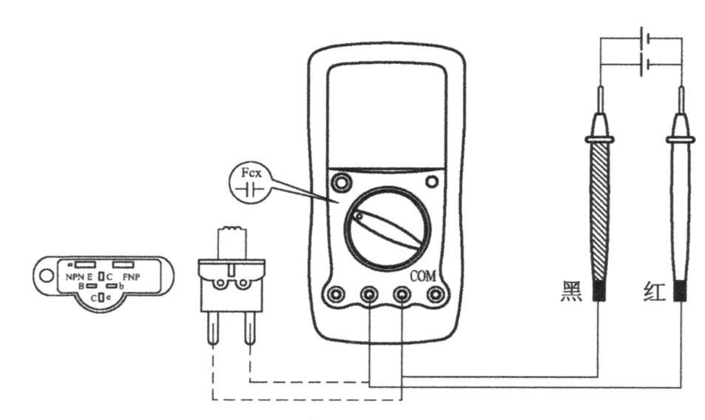

图 1-8 电容测试的连接方法

1）将功能开关置于 Fcx 量程。

2）如果被测电容器大小未知，应从最大量程逐步减少。

3）根据被测电容器，选择多用转接插头座或带夹短测试线插入 VΩ 插孔或 mA 插孔，并应接触可靠。

4）从显示屏上读取读数。

5）仪器本身已对电容挡设置了保护，在电容测试过程中，不用考虑电容器极性及电容器充放电等情况。

6）测量电容时，将电容器播入电容测试座中(不要通过表笔插孔测量)。

7）测量大电容时，稳定读数需要一定时间。

8）单位：1 pF＝10^{-6} μF，1 nF＝10^{-3} μF。

(8) 晶体管参数测量。

操作方法如图 1-9 所示。

1）将功能/量程开关置于 hFE。

2）多用转接插头座按正确方向插入 mA 端子和 V/Ω 端子，并应接触可靠。

3）决定待测晶体管是 PNP 或 NPN 型，正确将基极(B)、发射极(E)、集电极(C)对应插入，显示屏上即显示出被测晶体管的 hFE 近似值。

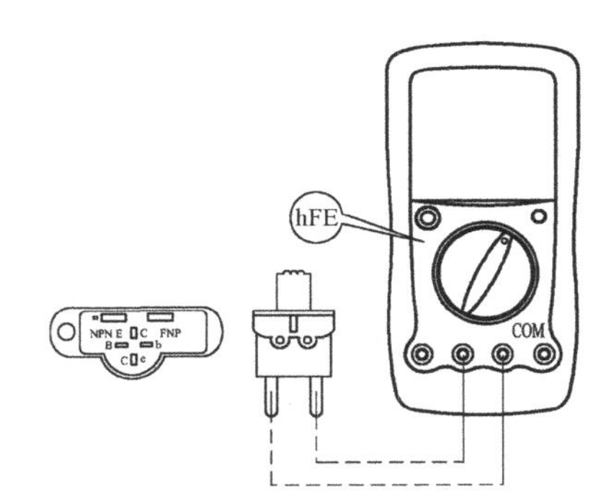

图 1－9　晶体管参数测量

(9) 数字万用表保养注意事项。

数字万用表是一种精密电子仪表，不要随意更改线路，并注意以下 4 点。

(1) 不要超量程使用。

(2) 不要在电阻挡或 —▶|— 挡时，接入电压信号。

(3) 在电池没有装好或后盖没有上紧时，请不要使用此表。

(4) 只有在表笔从万用表拔出并切断电源后，才能更换电池和保险丝。电池更换：注意 9 V 电池的使用情况，如果需要更换电池，打开后盖螺丝，用同一型号电池更换；更换保险丝时，请使用相同型号的保险丝。

(二) 指针式万用表

MF47 型指针式万用表，表中设有二极管和保险丝双重保护装置，它具有测量直流电压、直流电流、交流电压、电阻、音频电平、晶体管直流参数 hFE、负载电流 LI、负载电压 LV 等的功能。

1. MF47 型指针式万用表实物外形如图 1－10 所示。

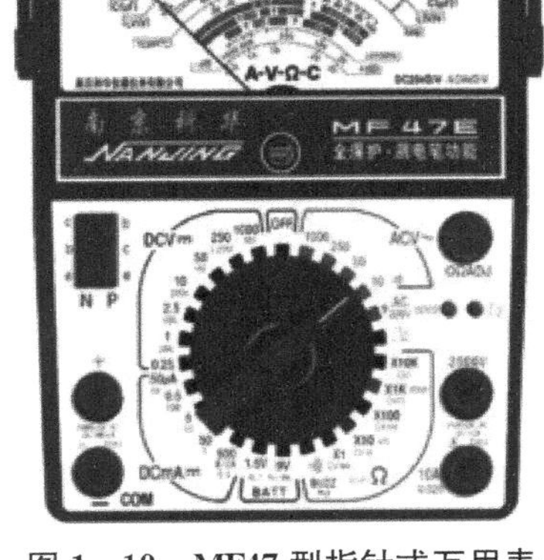

图 1－10　MF47 型指针式万用表

2. 测量操作

测量之前先调整表盖上的机械调零器，使指针指于“0”位上。测量时将红、黑表笔分别插入“＋”“COM”插孔内。

(1) 直流电流测量。

当测量一个未知其大小的电流时，应将转换开关旋到直流挡(DCmA)最大量程处，根据测出数值的大小，把转换开关旋到相应的挡位上(表头指针指示一般应大于 1/3 满刻度)。测量时，将表笔与被测电路串联，红表笔接在电路的正端，在第二条刻度线上读出测量值。当被测电流大于 500 mA 时，应将红表笔接在“10 A”插孔内，开关置于 DCmA 的 500 mA 处。

(2) 直流电压测量。

当测量一个未知其大小的电压时，应将转换开关旋至直流电压挡(DCV)最大量程处，根据测出数值的大小，把转换开关旋到 DCV 的相应挡位上(表头指针指示一般大于 1/3 满刻度)，测量时将两表笔并接在电路中，红表笔接在电路的正端，黑表笔接在电路的负端，在第二条刻度线上读出测量值。

(3) 交流电压测量。

交流电压的测量与直流电压的测量方法相似，只需把转换开关旋至 ACV 的相应挡位，就可在第二条刻度线上读出测量值。

(4) 电阻的测量。

先将转换开关旋到所要测量的电阻挡范围内，然后将红黑两表笔短接，调节 Ω 调零旋钮，使指针指在“0 Ω”(即满刻度)位置上,再把表笔分别接被测电阻器的两端,就可测出被测电阻器的阻值,在第一条刻度线上读出电阻的读数。测量电阻时,尽可能使指针在全弧长的20%～80%范围内,这样读数比较准确。每当变换量程时,指针会偏离“0 Ω”,这时应调节Ω调零旋钮,使指针指在“0 Ω”后才进行测量。

(5) 电池测试。

当电池的电量足够时,指针停留在绿色范围内;当电池的电量不足时,指针停留在中间红色范围内。

(6) 负载电流 LI 和负载电压 LV 测量。

在被测电路中流过电阻器的电流称为负载电流,用 LI 表示;该电阻器两端的电压称为负载电压,用 LV 表示。LI、LV 的刻度实际是电阻挡的辅助刻度,LI、LV 和 R 之间的关系是 LI=LV/R,LI 看第五条刻度线,LV 看第六条刻度线,其读数与电阻挡的关系见表 1-2。

表 1-2　读数与电阻挡的关系

电阻挡	负载电流 LI	负载的 LV
1	150 mA	3 V
10	15 mA	3 V
1K	150 μA	3 V

(7) 晶体管直流放大倍数 hFE 的测量。

先转动转换开关至“Ω×10”的位置上,将红黑两笔短接,调节Ω调零旋钮使指针指在“0 Ω”位置上,将待测的晶体管各脚分别插入晶体管测试座的 ebc 插孔内,PNP 型晶体管应插入 P 型测试座,NPN 型晶体管插入 N 型测试座。读数在第四条刻度线上读出。

(8) 音频电压的测量。

测量方法与测量交流电压相同,读数见 dB 刻度线。dB 刻度是根据 dB=1 mW, 600 Ω 输送线标准设计的,刻度上的 dB 值是 10 V 挡的,测量范围为−10～+22 dB,如读数大于+22 dB 时需换 50 V、250 V 或 1 000 V 挡,用 50 V、250 V、1 000 V 挡测量 dB 时须把读数加上表 1-3 中所列的校正值。例如,在 250 V 交流挡测得 dB 值为 12 dB,则实际 dB 值为 12+28=40 (dB)。当测音频电压时,如果同时存在直流电压时,应把红表笔接在测量音频电平的插口。dB 值校正值关系见表 1-3。

表 1-3　dB 值校正值表

量程	按电平刻度增加值	电平的测量范围
10 V	−10～+22 dB	
50 V	+14 dB	+4～1 dB
250 V	+28 dB	+18～50 dB
1 000 V	+40 dB	+30～62 dB

(9) 晶体管 I_{CEO}(穿透电流)测试。

1) 将表笔插入+和−中,转换开关置在 R×10(15 mA)或 R×1(150 mA)处,调整Ω调零旋钮使指针指在“0 Ω”位置上。

2）晶体管插入晶体管测试座（同晶体管放大倍数连接方式一致）。

3）如果读数降至 I_{CEO} 刻度的红色漏损位置，晶体管可能正常，但是如果超出位置且接近全刻度，则晶体管肯定有缺陷。

（10）注意事项。

MF47 型万用表虽有双重保护装置，但使用时仍应遵守下列规程，避免发生意外或损坏仪表。

1）应在切断电源情况下变换量程。

2）如偶然发生因过载而烧断保险丝时，可打开表盒换上相同型号的保险丝。

3）测量高压时，要站在干燥绝缘板上，并一手操作，防止意外。

4）要定期检查、更换电阻各挡供电的电池。更换时要注意电池正负极性。如长期不用，应取出电池，以防止电池漏液腐蚀损坏零部件。

二、常用电工工具的使用

1．验电器

验电器是用来测定物体是否带电的一种电工常用工具，分为低压验电器和高压验电器。

（1）低压验电器。

低压验电器（实物外形如图 1－11 所示）又称电笔，是检验导线及设备是否带电的工具，也是电工的必备工具之一。电笔主要由氖管、电阻器、弹簧，以及笔端、笔尾的金属体构成，当使用验电笔时，被测带电体通过电笔、人体与大地之间形成电位差（被测物体与大地之间的电位差超过 60 V），产生电场，电笔中的氖管在电场作用下便可发光，测电范围为 60～500 V。

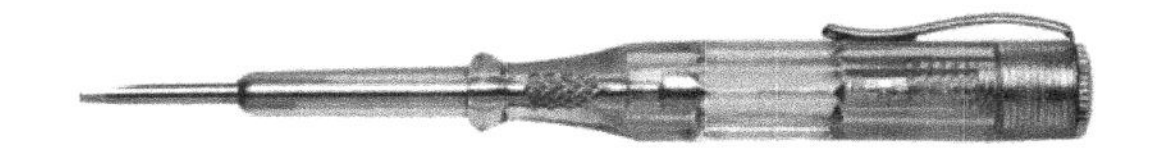

图 1－11　低压验电器

低压验电器除了可以检测被测物体是否带电以外，还具备以下功能：

1）区别相线和零线。交流电路中，正常情况下，使氖管发光的即为相线，零线是不会使之发光的。

2）区别直流电和交流电。根据氖管内电极的发光情况，可以区分交流电和直流电：测交流电时两个电极都发光，直流电则只能使一个电极发光，且发光的一侧是直流负极。

3）识别相线碰设备金属外壳。可根据氖管是否发光判断设备的金属外壳有没有被相线碰到。

使用低压验电器时，必须把笔握妥，操作方法如图 1－12 所示。以手的拇指触及笔尾的金属体，使氖管小窗面向自己。使用时不能用手接触前面的金属部分。

图 1－12　低压验电器的握妥

低压验电器的使用注意事项：

① 低压验电器使用前，应在已知带电体上测试，证明验电器确实良好方可使用。

② 使用时，应使验电器逐渐靠近被测物体，直至氖管发光。只有当氖管不发光时，人体才可以与被测体试接触。

③ 螺钉旋具式验电器刀杆较长，应加套绝缘套管，避免测试时发生短路及触电事故。

(2) 高压验电器

高压验电器(实物外形如图 1-13 所示)又称高压测电器,主要用来测量电网中的高电压。10 kV 高压验电器由金属探头、高亮度 LED 指示灯、间歇式蜂鸣氖管、转角适配器、绝缘棒等组成。

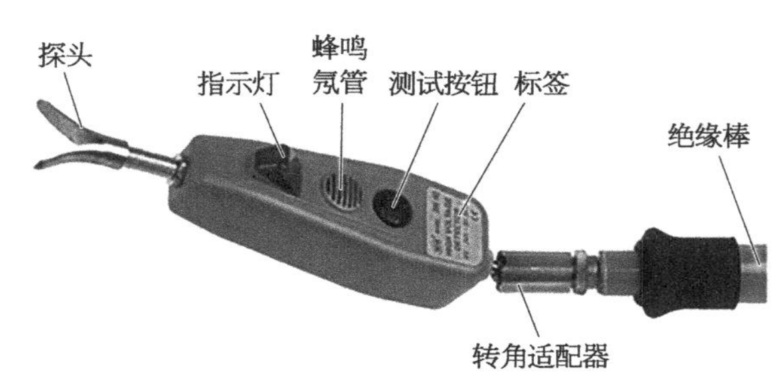

图 1-13 高压验电器

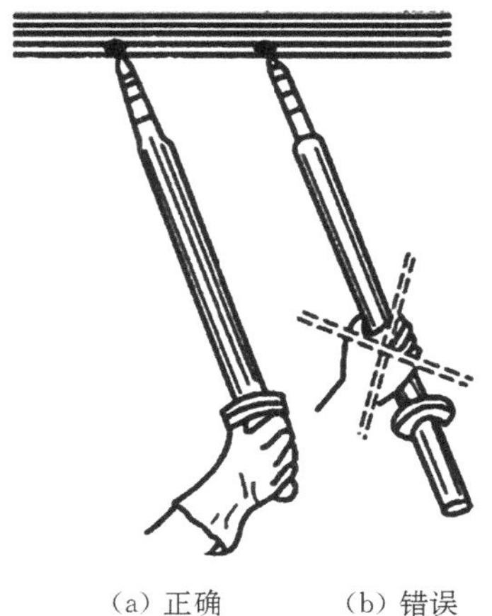

(a) 正确 (b) 错误

图 1-14 高压验电器的操作

高压验电器的使用注意事项:

① 验电器使用前,应在已知带电体上测试,证明验电器确实良好方可使用。

② 使用时,应使验电器逐渐靠近被测物体直到氖管发亮。只有在氖管不发亮时,人体才可以与被测物体试接触。

③ 在室外使用高压验电器时,只可在气候条件良好的情况下才能使用。在雨、雪、雾及湿度较大的天气中,不宜使用,以防发生危险。

④ 高压验电器测试时,必须戴上符合要求的绝缘手套;不可一个人单独测试,身旁必须有人监护;测试时要防止发生相间或对地短路事故;人体与带电体应保持足够的安全距离,10 kV 高压的安全距离为 0.7 m 以上。高压验电器的操作如图 1-14 所示。

2. 螺钉旋具

螺钉旋具,也常被称作螺丝起子、螺丝批、螺丝刀或改锥等,是用以旋紧或旋松螺钉的工具。螺钉旋具的样式按头部形状不同分为一字形和十字形(实物外形如图 1-15 所示)。一字形螺钉旋具常用规格有 50 mm、100 mm、150 mm 和 200 mm 等,电工必备的是 50 mm 和 150 mm 两种。

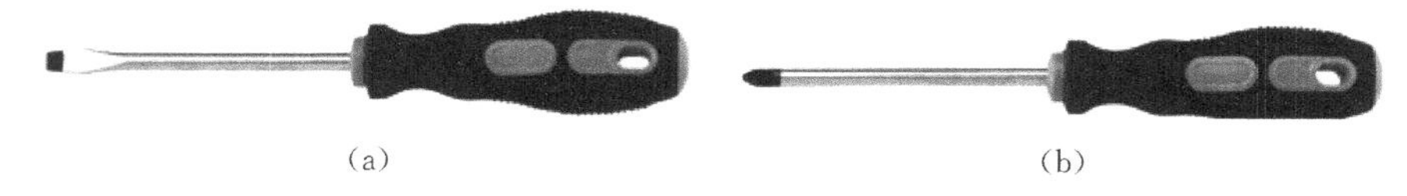

(a) (b)

图 1-15 一字形和十字形螺钉旋具

(a)一字形;(b)十字形

螺钉旋具的把握方法如图 1-16 所示。

螺钉旋具的使用注意事项:

① 根据不同螺钉选用不同的螺钉旋具。旋具头部厚度应与螺钉尾部槽形相配合,斜度不宜

太大，头部不应该有倒角，否则容易打滑。一般来说，电工不可使用本体直通柄顶的螺钉旋具，否则容易发生触电事故。

② 使用旋具时，需将旋具头部放至螺钉槽口中，并用力推压螺钉，平稳旋转旋具，特别要注意用力均匀，不要在槽口中蹭，以免磨毛槽口。

③ 使用螺钉旋具紧固和拆卸带电的螺钉时，手不得触及旋具的本体，以免发生触电事故。

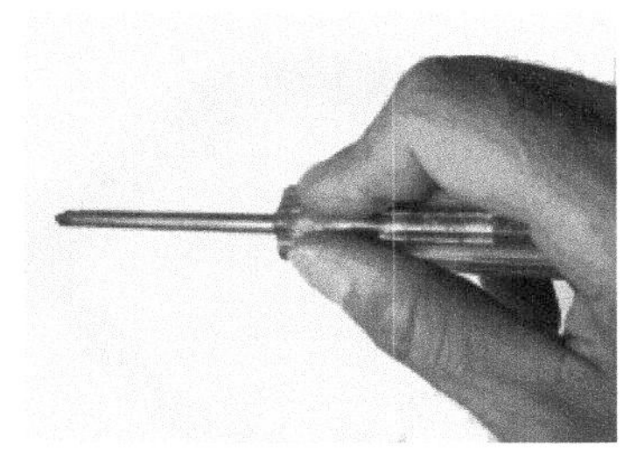

图 1－16　螺钉旋具的把握方法

④ 不要将旋具当作撬棍使用，以免损坏螺钉旋具。

⑤ 为了避免螺钉旋具的本体触及皮肤或触及邻近带电体，可在其上套绝缘管。

⑥ 旋具在使用时应该使头部顶牢螺钉槽口，防止打滑而损坏槽口。同时注意，不用小旋具去拧旋大螺钉。否则一是不容易旋紧，二是螺钉尾槽容易拧豁，三是旋具头部容易受损。反之，如果用大旋具拧旋小螺钉，也容易因力矩过大而导致小螺钉滑丝。

3. 钢丝钳

钢丝钳又称老虎钳，是用来钳断电线线芯、铁丝等较硬金属的工具，实物外形如图 1－17 所示。

钢丝钳的把握方法如图 1－18 所示。

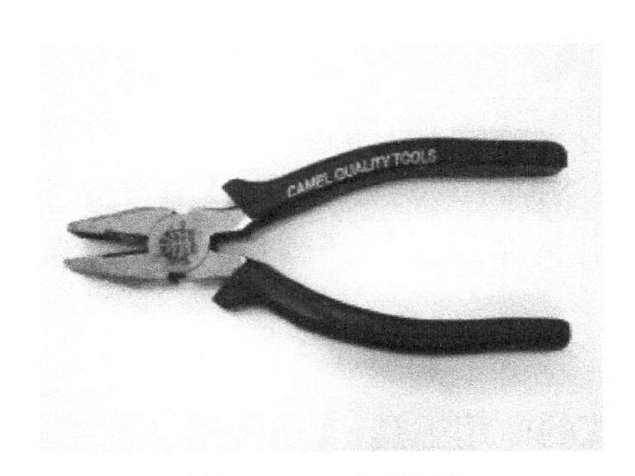

图 1－17　钢丝钳

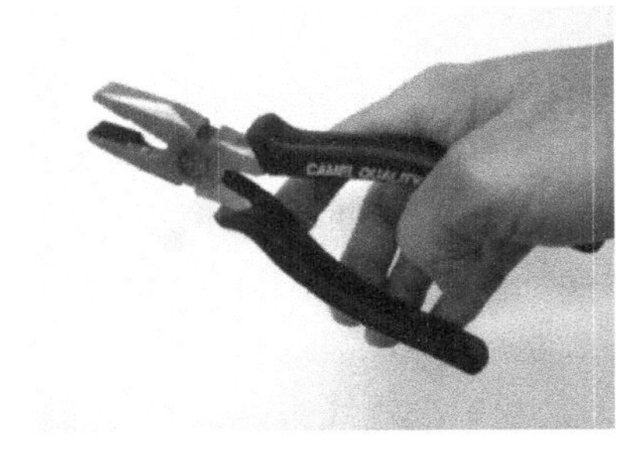

图 1－18　绝缘柄钢丝钳的把握方法

钢丝钳的使用注意事项：

① 使用前检验绝缘柄是否完好，如果绝缘柄损坏则严禁使用。

② 带电作业时严禁同时钳切两根导线，避免发生短路故障。

4. 尖嘴钳

尖嘴钳（实物外形如图 1－19 所示）的头部尖细，适用于狭小的工作空间操作。尖嘴钳的绝缘柄耐压为 500 V。尖嘴钳也可以用来钳切截面积较小的导线。

尖嘴钳的把握方法和使用注意事项同钢丝钳。

5. 断线钳

断线钳又称为斜口钳，它是专供用来钳断较粗电线线芯、铁丝、电缆等的工具，实物外形如图 1－20 所示，断线钳的绝缘柄耐压为 500 V。

断线钳的把握方法和使用注意事项同钢丝钳。

6. 剥线钳

剥线钳是剥削小直径导线绝缘层的专用工具，实物外形如图 1－21 所示，剥线钳的绝缘柄耐压为 500 V。

图 1-19　尖嘴钳

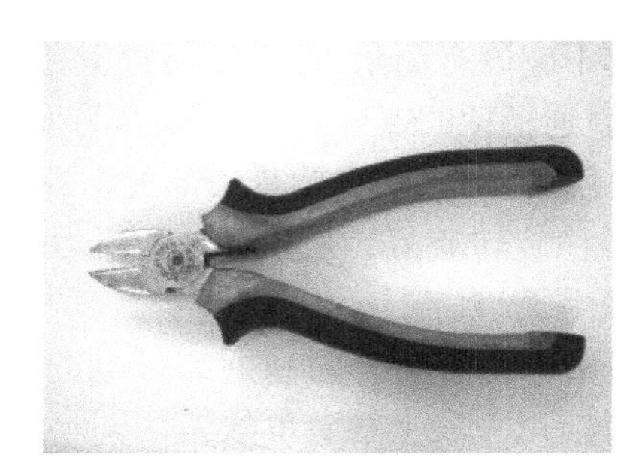

图 1-20　断线钳

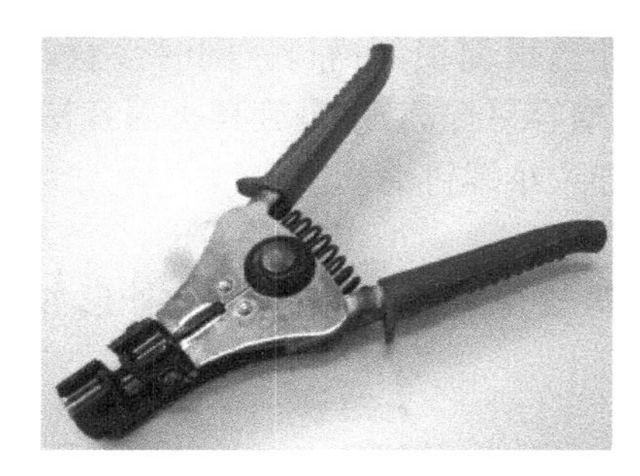

图 1-21　剥线钳

图 1-22　剥线钳的使用方法

使用剥线钳时，根据导线的粗细型号，选择相应的剥线刀口，将准备好的导线放在剥线工具的刀刃中间，选择好要剥线的长度，握住剥线工具手柄，将电缆夹住，缓缓用力使导线绝缘皮慢慢剥落，然后松开工具手柄，取出导线，这时导线金属部分便整齐露出，其余绝缘皮完好无损，操作方法如图 1-22 所示。

7. 电工刀

电工刀是剖削电线线头、切割木台缺口、削制木枕的专用工具，实物外形如图 1-23 所示。

使用电工刀时应将刀口朝外，剖削导线绝缘层时，应使刀面与导线夹角成较小的锐角，这样刀口就不易损伤线芯，操作方法如图 1-24 所示。

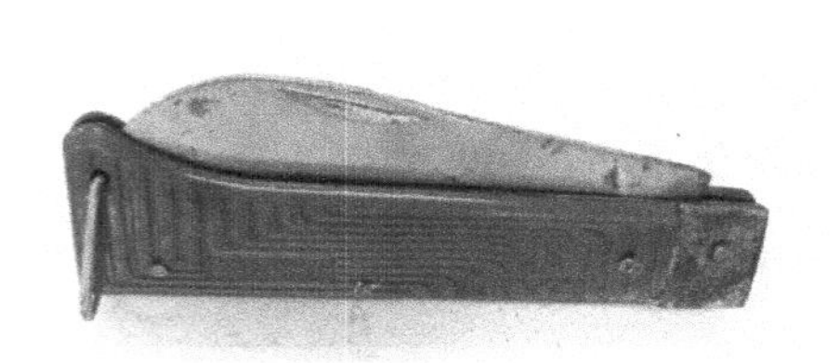

图 1-23　电工刀

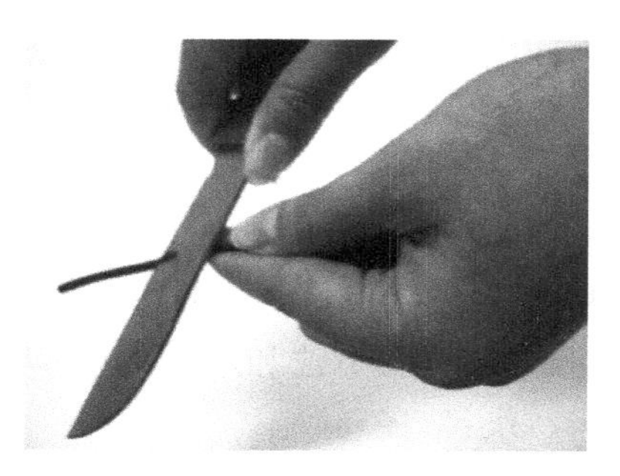

图 1-24　电工刀的使用方法

电工刀的使用注意事项：

① 使用时注意避免伤手。

② 电工刀的刀柄无绝缘保护，不能在带电导线或器材上剖削，以免触电。

③ 电工刀用毕，随即将刀折进刀柄。

8. 阻燃电工绝缘胶带

阻燃电工绝缘胶带是用来对裸露带电部分进行绝缘恢复的一种胶带，实物外形如图 1－25 所示。起绝缘胶带具有良好的绝缘耐压、阻燃、耐候等特性，适用于电线接驳、电气绝缘防护等。

图 1－25　阻燃电工绝缘胶带

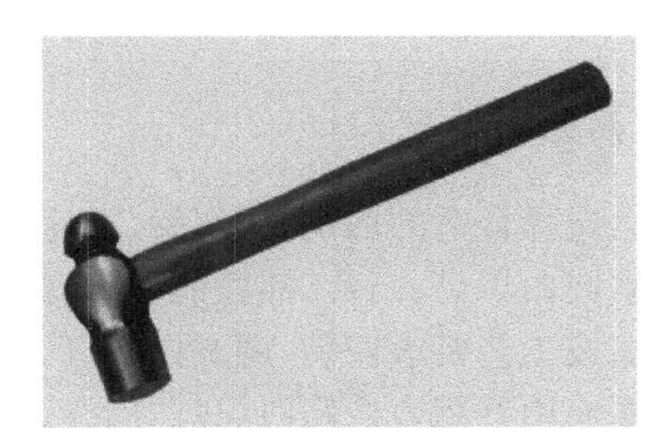

图 1－26　手锤

9. 手锤

手锤是电工作业时常用的敲击工具，实物外形如图 1－26 所示。

10. 移动电动工具

冲击钻是一种常见的移动电动工具，实物外形如图 1－27 所示。它有两种功能，当选择开关位于钻孔位置时，可作为手电钻使用；当选择开关位于冲击位置时，可作为冲击钻使用，一般用于砖墙墙面的钻孔。电锤一般用于在混凝土建筑物上钻孔，实物外形如图 1－28 所示。

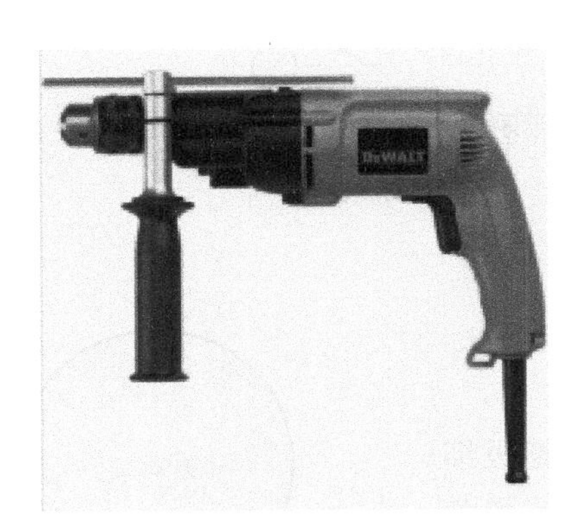

图 1－27　冲击钻

图 1－28　电锤

课题 2 综合照明线路的安装与维修

实训目的

(1) 会选择合适的白炽灯、门铃、插座等元件。
(2) 掌握白炽灯、门铃、插座的安装方法。
(3) 能按工艺要求安装、调试白炽灯、门铃、插座组成的照明线路。
(4) 能使用万用表检修白炽灯、门铃、插座组成的照明线路。

任务分析

掌握白炽灯、门铃、插座的安装方法,并根据图 2-1 所示,完成白炽灯、门铃、插座照明线路的安装与调试及故障维修。

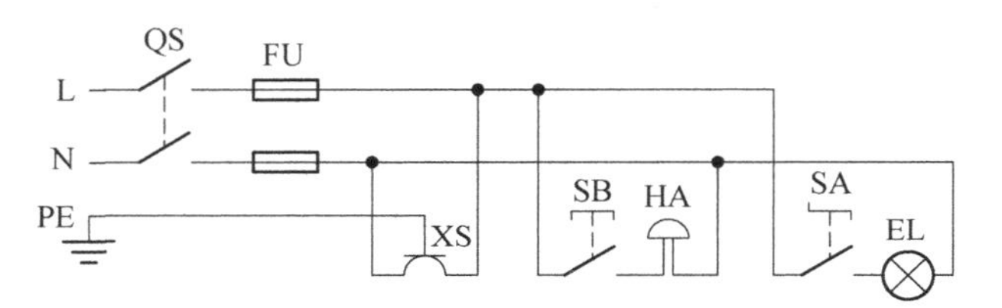

图 2-1 白炽灯、门铃、插座照明线路原理图

基础知识

一、常用照明电路元件

(一) 白炽灯

白炽灯(又称电灯泡)是一种通电后利用电阻器把极细的钨丝加热至白炽用来发光的灯。电灯泡外围由玻璃制造,把灯丝保持在真空或低压的惰性气体之中,其作用是防止灯丝在高温之下氧化。为了防止断裂,灯丝多绕成螺旋圈式。40 W 以下的灯泡内部抽成真空;40 W 以上的灯泡在内部抽成真空后充有少量氩气或氮气等气体,以减少钨丝挥发,延长灯丝寿命。灯泡通电后,灯丝在高电阻作用下迅速发热发红,直到白炽程度而发光,白炽灯由此得名。由于白炽灯的光线比较柔和,因此它是较为常见的照明光源。但白炽灯的发光效率较低,一般用于室内照明或局部照明。

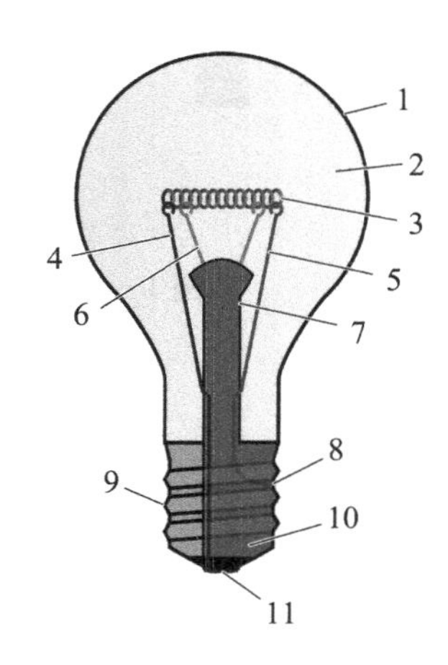

1—电灯泡外形轮廓;2—低压惰性气体;3—灯丝钨丝;4—细金属线(连接至灯头尖端);5—细金属线(连接至铜片);6—支撑金属线;7—支撑棒;8—细金属线;9—铜片;10—绝缘体;11—灯头尖端

图 2-2 白炽灯构造

白炽灯的构造如图 2-2 所示。

白炽灯的文字图形符号如图 2-3 所示。

白炽灯按其出线端区分,有螺口式(图 2-4)和插口式

（图2-5）。

EL

图2-3　白炽灯的文字图形符号

图2-4　螺口式

图2-5　插口式

白炽灯为热发光，只有极少一部分转化为光能。白炽灯的寿命跟灯丝的温度有关，一般在1000 h左右，且颜色单一。

我国绿色照明工程的宗旨是推动节约能源、保护环境和提高照明质量，以适应和服务于我国社会进步和现代化进程，其措施之一就是严格限制低光效的普通白炽灯应用。

（二）新型绿色环保光源

LED运用冷光源，眩光小，无辐射，使用中不产生有害物质。LED的工作电压低，采用直流驱动方式，功耗超低（单管0.03～0.06 W），电光功率转换率接近100%，在相同照明效果下比传统光源节能80%以上。LED的环保效益更佳，光谱中没有紫外线和红外线，而且废弃物可回收，没有污染，不含汞元素，可以安全触摸，属于典型的绿色照明光源。

LED为固体冷光源，环氧树脂封装，抗震动，灯体内也没有松动的部分，不存在灯丝发光易烧、热沉积、光衰等缺点，使用寿命可达6万～10万h，是传统光源使用寿命的10倍以上。LED性能稳定，可在−30～50 ℃环境下正常工作。

（三）灯座

灯座是保持灯的位置和使灯与电源相连接的器件。按照固定灯泡的方式分为螺口灯座和插口灯座两种；按安装方式分为吊式、平顶式和管式三种；按材质有胶木、陶瓷和金属之分；按用途还可分为普通型、防水型、安全型和多用型。螺口灯座、插口灯座外形如图2-6所示。灯具的安装高度，室外一般不低于3 m，室内一般不低于2.4 m。如遇特殊情况难以达到上述要求时，可采取相应的保护措施或改用24 V安全电压供电。

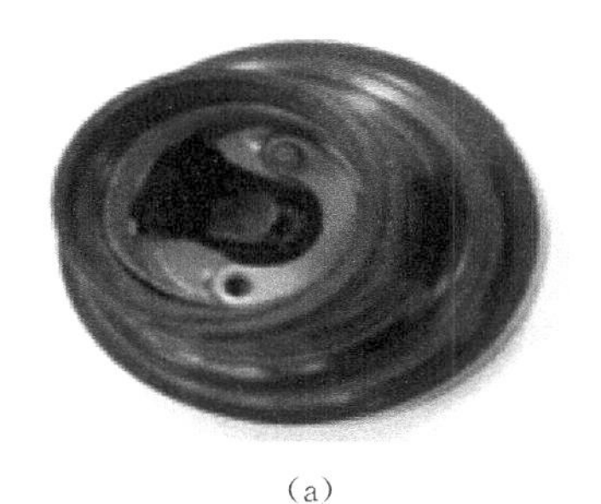

(a)

(b)

图2-6　胶木壳灯座

(a)螺口灯座；(b)插口灯座

（四）开关

市场中供应的和家庭装潢中所普遍使用的是按键开关（单联或双联）。单控开关特点：通与断；双控开关特点：上通下断或下通上断。单控开关只作为灯的一地点控制通断作用；双控开关可作为二地分别可控制灯通断作用。

双联开关有三个接线端，中间的一端为公共端，两边分别为开关的接线端，当开关扳向下方时，接通中间与下方接线端，如图 2－7 所示。室内照明开关一般安装在门边便于操作的位置上，拉线开关一般离地 2～3 m，跷板暗装开关一般离地 1.3 m。

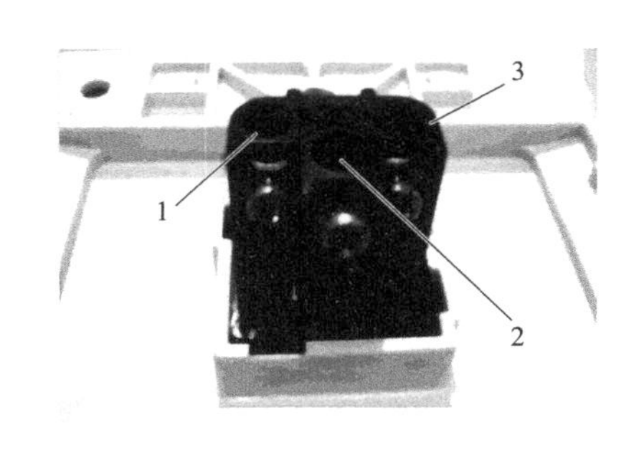

1、3—接线端；2—公共端

图 2－7　双联开关

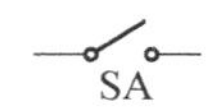

图 2－8　开关文字图形符号

开关文字图形符号如图 2－8 所示。

（五）RC 系列插入式熔断器

熔断器是一种用作过载、短路保护用的元件。RC 系列插入式熔断器外形如图 2－9 所示。该熔断器的熔体绝大多数采用铅锡合金丝，成分为铅 70%和锡 30%。额定电流较大时，也有选用铜丝的。熔体材料与瓷座和瓷盖共同形成灭弧室。适用于不振动场合中的民用和工业照明电路。

熔断器文字图形符号如图 2－10 所示。

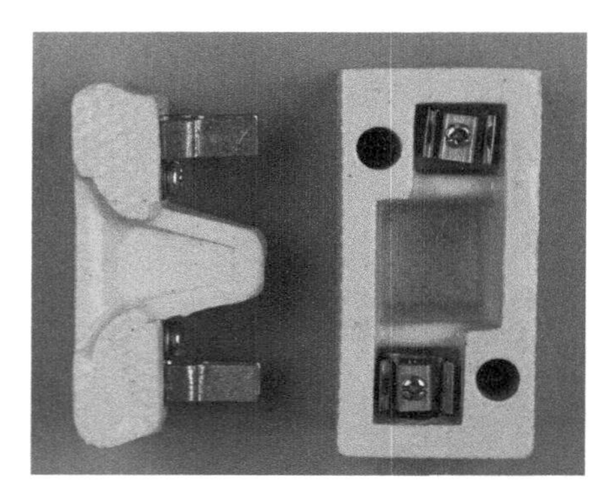

图 2－9　RC 系列插入式熔断器

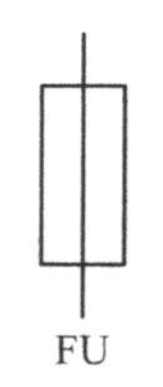

图 2－10　熔断器文字图形符号

图 2－11　保险丝

（六）保险丝

保险丝（图 2－11）也被称为电流保险丝，IEC127 标准将它定义为“熔断体”，其由电阻率比较大而熔点较低的银铜合金制成。如果电路中正确地安置了保险丝，那么保险丝就会在电流异常升高到一定程度的时候熔断自身来切断电流，从而起到保护电路安全的作用。

常用保险丝规格见表 2－1。

表 2－1　常用保险丝规格

直径/mm	额定电流/A	熔断电流/A	直径/mm	额定电流/A	熔断电流/A
0.28　0.32	1.1	2.2	0.81　0.98	3.75　5	7.5　10
0.35	1.25	2.5	1.02	6	12
0.36	1.35	2.7	1.25	7.5	15
0.40	1.5	3	1.51	10	20
0.46	1.85	3.7	1.67	11	22
0.52	2	4	1.75	12.5	25
0.54	2.25	4.5	1.98	15	30
0.60	2.5	5	2.40	20	40
0.71	3	6	2.78	25	50

（七）导线

导线在照明线路、电气控制线路等领域有着广泛的应用。根据不同的安装场所和用途，照明灯具使用的导线最小线芯截面积应符合表 2－2 的规定。

表 2－2　照明灯具使用的导线最小线芯截面积表

名称	型号	规格	标称截面积	用途
单芯硬线	BV	1×1/1.13	1 mm²	暗线布线
塑料护套线	BVVB	3×1/1.78	2.5 mm²	明线布线
灯头线	RVS	2×16/0.15	0.3 mm²	不移动电器的连接
三芯软护套线	RVV	3×24/0.2	0.75 mm²	移动式电器的连接

（八）插座

插座是为移动照明电器、家用电器和其他用电设备提供电源的元件。根据电源电压的不同可分为单相三眼或二眼插座和三相四眼插座如图 2－12 所示，根据安装形式的不同又可分为明装面板式、暗装式、导轨安装式。

图 2－12　单相插座（左）和三相四眼插座

根据单相带接地插孔插座的接线方法：将导线分别接入插座的接线孔内，“N”孔接零线，“L”孔接相线，“PE”孔接地线，如图 2－13 所示。这里应注意地线的颜色，根据标准规定地线应是黄绿双色线。

1—标注“L”电源相线接入；2—标注“N”电源零线接入；3—标注“⏚”电源接地线接入

图 2－13　单相插座的接线面板

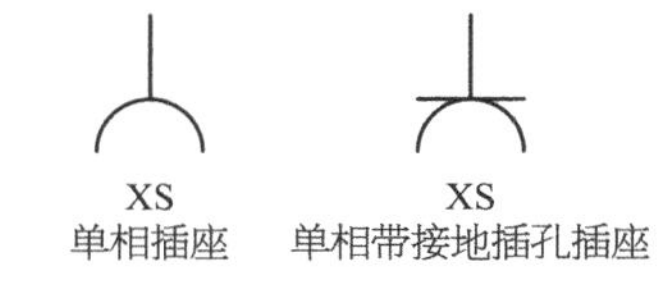

图 2－14　插座的图形、文字符号

插座的图形和文字符号如图 2－14 所示。

插座在实际安装中应注意，插座一般暗装，距地面高度在 300 mm 以上，特殊场所如幼儿园、小学等，插座应明装，距地面高度在 1.8 m 以上。

（九）PVC 穿线管

PVC 穿线管目前执行的标准有公安部行业 GA305－2001、建设部标准 JG3050－2000 和地方标准 DB51/169－96 及一些企业标准。PVC 穿线管广泛用于建设工程、楼板间或墙内电线、导管（暗管），也可作为一般配线导管（明管）及邮电通信用管等。PVC 穿线管具有抗压力强、耐腐蚀防虫害、阻燃、绝缘等优异性能，施工中还具有重量轻、运输安装方便、施工快捷等优点。

（十）门铃

门铃已在千家万户中广泛应用。门铃实物如图 2－15 所示，图形符号如图 2－16 所示。

图 2－15　门铃

图 2－16　门铃图形、文字符号

二、灯、门铃及插座照明线路组成

灯、门铃及插座照明线路由灯泡、灯座、86 型单联开关面板、86 型门铃按钮面板、门铃、86 型线盒、86 型插座面板、导线及 PVC－U 电工管等组成。

技能训练

一、训练要求

（1）根据课题的要求，按照电气原理图完成线路的安装，线路布局美观、合理。

（2）按照要求进行线路调试。

（3）技能考核时间：30 min。

二、训练内容

（1）根据要求设计线路。

（2）在电气安装板上进行板前明线安装，导线应规范紧固、走线合理，不能架空。

（3）检查接线，正确无误后通电调试，如遇故障自行排除。

三、训练使用的设备、工具、材料

（1）电工常用工具、万用表。

（2）电气安装板。

（3）灯、灯座、86型单联开关面板、86型门铃按钮面板、门铃、86型线盒、86型插座面板及PVC-U电工管。

（4）导线。

四、训练步骤

（1）按设计照明电路图进行安装连接，不要漏接或错接。

1）确定施工方案。照明线路应根据不同的场合、容量来选择合适配线方式。

2）准备施工。根据确定的施工方案及布置图准备施工材料及工具。

3）定位。根据布置图如图2-17所示。确定电源、开关、灯座的位置，用笔做好记号，然后根据确定的位置和线路的走向划线。根据电路图，确定每一线条上导线的根数。

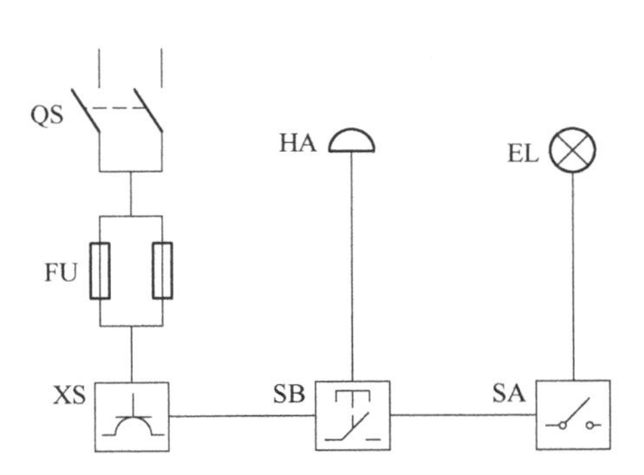

图2-17　灯、门铃、插座照明线路布置图

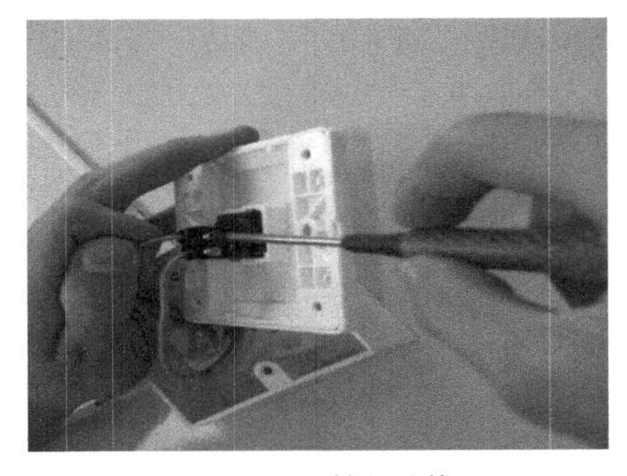

图2-18　接入导线

4）接入导线，如图2-18所示。安装顺序：相线→插座面板（XS）接线端L，零线→插座面板（XS）接线端N，接地线→插座面板（XS）接线端PE；相线→开关面板（SA）接线端→开关另一个接线端出线去→灯（EL）接线端→灯的另一接线端→零线；相线→门铃按钮面板（SB）接线端→门铃按钮面板另一个接线端出线去→门铃（HA）接线端→门铃的另一接线端→零线。

5）固定熔断器。熔断器作为照明线路的短路保护，在电源进线位置处固定。本书一般采用插入式熔断器，如果安装在配电箱内则采用开关式熔断器。

6）接入开关。将开关线接入螺口平灯座的中心，用剥线钳剥去导线的绝缘层（长约15 mm），用尖嘴钳将线芯扳成 90°，钳住线芯向顺时针方向打圈，操作方法如图 2－19 所示。

7）接入灯座导线。零线接入螺口平灯座与螺纹连接的接线桩头上，相线接入螺口平灯座中心铜片的接线桩头上，如图 2－20 所示。

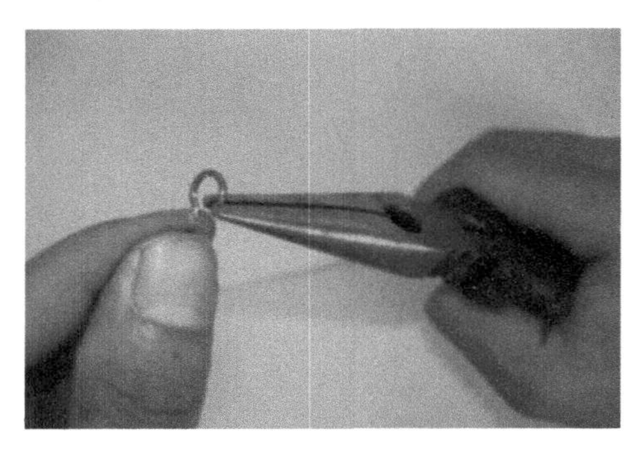

图 1－19　单芯导线的打圈

图 2－20　灯座导线的接入

8）插座安装。相线接电源“L”接线端，零线接“N”接线端，地线接“PE”接线端。

9）接线注意事项。接线须注意：由上至下，先串后并；接线正确，牢固，各接点不能松动，敷线平直整齐，无漏铜、反圈、压胶，每个接线端子上连接的导线根数一般不超过两根，绝缘性能好，外形美观。

（2）通电检验。

目测线路有没有接出多余线头，参照照明电路安装图检查每条线是否严格按要求来接，每条线有没有接错位，注意熔断器、开关、插座等元件的接线是否正确。

通电前应检查线路有无短路，方法如下：用万用表电阻 200 Ω 挡，将两表笔分别置于两个熔断器的出线端上进行检测，如图 2－21 所示。正常情况下，开关处于闭合位置时应有阻值（阻值的大小取决于负载）；开关处于断开位置（即开路）时，电阻应为无穷大。

图 2－21　通电前检查线路有无短路

送电由电源端开始往负载依次顺序送电，万用表检测插座处应用 220 V 交流电压挡。

（3）常见故障分析。

操作各功能开关时，若不符合要求，应立即断电，判断照明电路的故障，可以用万用表电阻挡检查线路，要注意人身安全和万用表挡位。

照明电路的常见故障主要有断路、短路和漏电三种。

1）断路。相线、零线均可能出现断路。断路故障发生后，负载将不能正常工作。产生断路的原因主要是熔体熔断、线头松脱、断线、开关没有接通、铝线接头腐蚀等。

断路故障的检查：如果灯泡不亮，应首先检查灯丝是否烧断；若灯丝未断，则应检查开关和灯头是否接触不良、有无断线等。为尽快查出故障点，对插入式熔断器可直接取下观察内装的熔体有无熔断，也可用电笔测量输出电压，按图 2－22 所示方法握电笔分别测试两熔断器的下桩头。

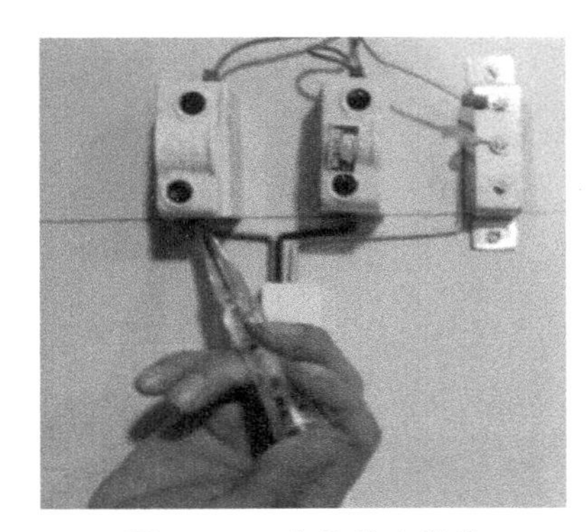

图 2－22　电笔检查相线

图 2－23　万用表置于交流挡检查线路电压

测量时，正常情况相线端电笔应发光，零线端不发光，如测出的情况与上述不同，则熔断器熔体熔断，取下后更换熔体即可。另外，也可用万用表进行测量，将万用表置于交流 250 V 挡，两表笔置于两个熔断器的进线端，查看万用表有无电压，正常应为 220 V，如果电压为零，则电源进线有故障，应检查上一级电源，如图 2－23 所示。

将万用表的一表笔置于左侧熔断器的进线端，另一表笔置于右侧熔断器的出线端，查看有无电压，如有 220 V 则证明右侧熔体完好，反之证明右侧熔体熔断。左侧熔体用同样方法测量。

2）短路。短路故障表现为熔断器熔体爆断；短路点处有明显烧痕、绝缘碳化，严重的会使导线绝缘层烧焦甚至引起火灾。

造成短路的原因：用电器具接线不好，以致接头碰在一起；灯座或开关进水，螺口灯头内部松动或灯座顶芯歪斜碰及螺口，造成内部短路；导线绝缘层损坏或老化，并在零线和相线的绝缘处碰线。

当发现熔体熔断时应先查出发生短路的原因，找出短路故障点，处理并更换保险丝后恢复送电。

3）漏电。产生漏电的原因主要有相线绝缘损坏而接地、用电设备内部绝缘损坏使外壳带电等。

漏电故障的检查：漏电保护装置一般采用漏电保护器。当漏电电流超过整定电流值时，漏电保护器动作切断电路。若发现漏电保护器动作，应查出漏电接地点并进行绝缘处理后再通电。照明线路的接地点多发生在穿墙部位和靠近墙壁或天花板等部位。查找接地点时，应注意这些部位。

(4) 装接完毕后,经指导教师允许方可通电调试。

(5) 操作时注意安全。

技能考核

(1) 设计电路图。

(2) 按设计电路图进行安装连接。

课题 3 日光灯照明线路的安装与维修

实训目的

(1) 熟悉日光灯照明电路,了解各元件的作用。

(2) 掌握日光灯照明电路的工作原理,能进行简单故障的分析。

(3) 能按工艺要求安装、调试日光灯照明线路。

(4) 能够使用万用表检修日光灯照明线路中的故障。

任务分析

掌握日光灯及各元件的安装方法,并根据图 3-1 所示完成日光灯照明线路的安装与调试,以及常见故障维修。

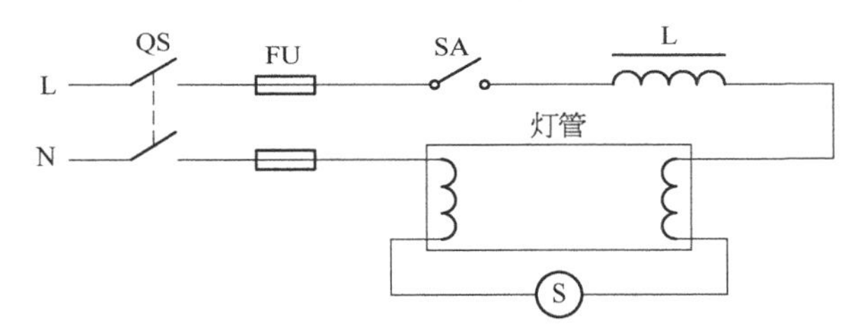

图 3-1 日光灯照明线路原理图

基础知识

日光灯又称荧光灯,光效较高,显色性能好,表面温度低,是目前使用较为广泛的气体放电光源。日光灯的灯管通电后,灯管内的汞蒸气产生紫外线,紫外线又激发出灯管内壁上的发光物质,从而变为我们常见的灯光。

一、常用日光灯照明电路元件

(一) 灯管

灯管是日光灯照明电路发光源,由灯脚、灯头、灯丝、荧光粉、玻璃管组成。灯管内部结构如图 3-2 所示。日光灯两端各有一灯丝,灯管内充有微量的氩气和稀薄的汞蒸气,灯管内壁上涂有荧光粉,两个灯丝之间的气体通电时产生紫外线,使荧光粉发出柔和的可见光。

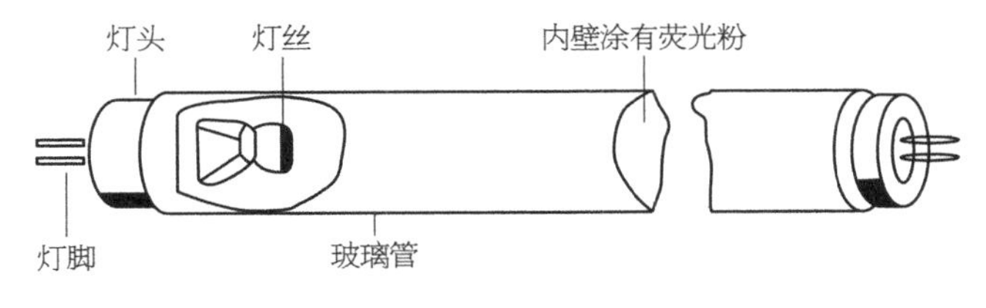

图 3-2 日光灯灯管

（二）启辉器

启辉器是一个用来预热日光灯灯丝、提高灯管两端电压，以点亮灯管的自动开关。启辉器基本组成为充有氖气的玻璃泡、静触片、动触片，动触片为双金属片。电路中，镇流器与日光灯管串联，日光灯管与启辉器并联。通电后，启辉器放电管导通，产生的热量促使双金属片由断开到闭合，由此交变电流通过镇流器、灯丝和双金属片开关，加热灯丝，而双金属片闭合又使启辉器放电管熄灭。失去热量来源后双金属片断开，回路中交变电流将因为镇流器自感而产生暂态高电压，此高电压将载入到与镇流器串联的日光灯管上，使之点亮。启辉器实物与内部结构如图 3－3 所示，文字图形符号如图 3－4 所示。

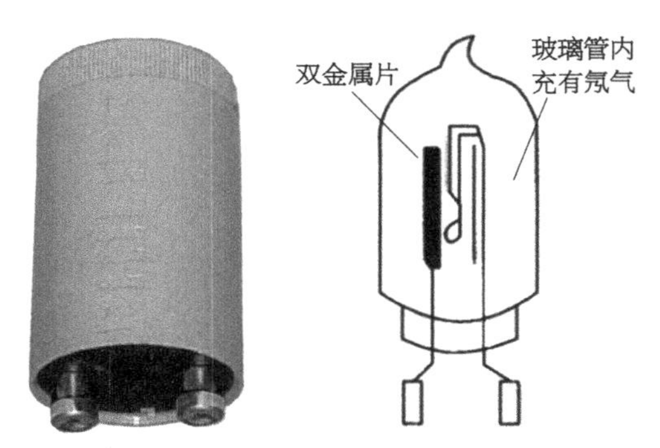

图 3－3　启辉器实物与内部结构图

图 3－4　启辉器文字图形符号

（三）镇流器

镇流器是日光灯上起限流作用和产生瞬间高压的设备，它是在硅钢制作的铁芯上缠漆包线制作而成的。这样的带铁芯的线圈，在瞬间开、关上电时，就会自感产生高压，加在日光灯管的两端的电极（灯丝）上。镇流器必须根据电源电压和荧光灯管的功率来选择，不能混用。镇流器文字图形符号如图 3－5 所示。

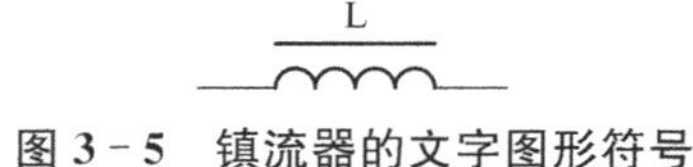

图 3－5　镇流器的文字图形符号

日光灯镇流器的作用：

(1) 在启动过程中限制预热电流，防止预热电流过大而烧毁灯丝，而又保证灯丝具有热电子发射能力。

(2) 在灯管两端建立脉冲高电势，使灯管点燃。

(3) 稳定工作电流，保持稳定放电。

电感镇流器是与日光灯管串联的一个元件，实际上是绕在硅钢片铁芯上的电感线圈，其感抗值很大。电感镇流器（图 3－6）一般有两个接线端子，但有些镇流器为了在电压不足时也容易“起燃”，就多绕了一个线圈，因此也有四个接线端子的电感镇流器。电感镇流器由于结构简单，寿命长，作为第一种配合荧光灯工作的镇流器，它的市场占有率暂且较大。但是，由于它功率因数低、低电压启动性能差、耗能高、频闪等诸多的缺点，其市场地位正慢慢地被电子镇流器取代。

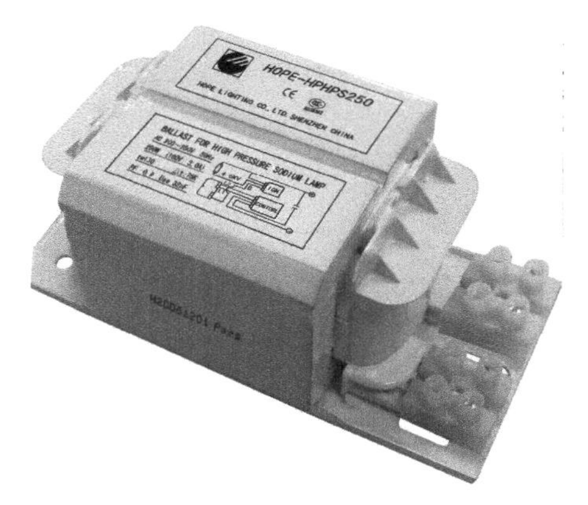

图 3-6 电感镇流器

图 3-7 电子镇流器

电子镇流器(图 3-7)使用半导体电子元件,是一种将直流或低频交流电压转换成高频交流电压,驱动光源工作的电子控制装置。由于采用现代软开关逆变技术和先进的有源功率因数矫正技术及电子滤波措施,电子镇流器具有很好的电磁兼容性,还降低了其自身损耗。电子镇流器以 20～60 kHz 频率供给灯管,灯管光效比使用电感镇流器的日光灯照明电路提高约10%(按长度为 1.33 m 的灯管计算),且自身功耗低,使灯的总输入功率下降约 20%,有更佳的节能效果,是取代电感镇流器的理想产品。

提示:镇流器不但具有限流降压作用(这个作用可用灯泡或电阻器来代替),而且在启动时由于自感产生一个较高的电压,利于灯管的启辉点燃(这一作用是不能用灯泡或电阻器代替的)。

(四) 灯座

灯座的作用是固定日光灯管,引脚处有接线端子。常用的日光灯套件中的灯座由 1 个设有弹簧的灯座和 1 个固定灯座构成,每个灯座有两个电极。要安装日光灯管,需将灯脚插入灯座并转动灯管,如图 3-8 所示。

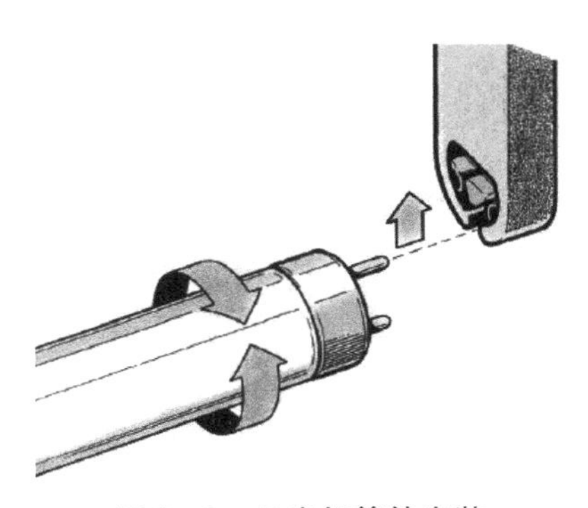

图 3-8 日光灯管的安装

二、日光灯工作原理

灯管开始点燃时需要一个高电压,由于正常发光时只允许通过不大的电流,这时灯管两端的电压低于电源电压,这个高电压就由启辉器提供。

接通电源时,由于启辉器的氖泡内两金属片没有接通,电源击穿氖气导电,这时氖泡发光,氖气导电时发热,引起氖泡内的双金属片受热后弯曲度降低,同时接通两个电极,通过较大的电流达到日光灯启动时要求的高电压。之后,由于双金属片接通后氖泡中的氖气不再导电发光,温度迅速下降,双金属片恢复原状,迅速切断电源,镇流器的电流从较大值突然变为 0,产生很高的自感电动势,这个自感电压足以击穿日光灯管内的汞蒸气,使水银蒸气电离导电产生紫外线而激发萤光粉发光。日光灯管导电后,其两端电压下降至 100 V 左右,这个电压不能再使氖气导电(氖气的击穿电压为 150 V 左右)而发光,双金属片便不再接通,这时日光灯就可连续发光。

三、日光灯照明线路常见故障分析

所有日光灯都会随着时间流逝逐渐变暗,并且可能开始闪烁或忽明忽暗,这些都是故障前的警告信号。当日光灯的正常性能发生任何变化后，就应该尽快进行维修。变暗的灯管通常需要更换，如果不更换灯管则可能导致灯具的其他部件损坏。同样，不断闪烁或忽明忽暗会消耗启辉器，将导致启辉器的绝缘层老化。

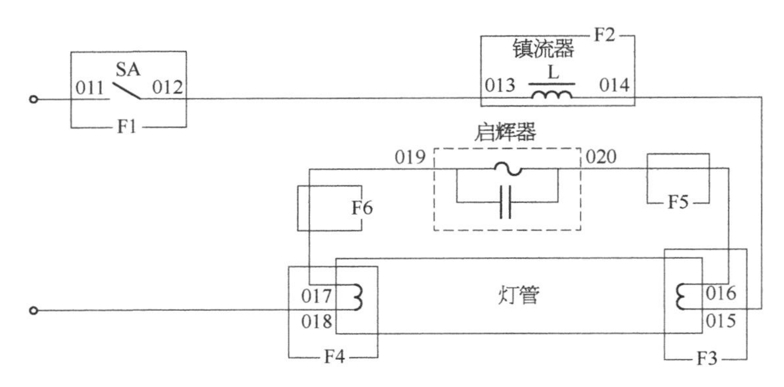

图 3-9　日光灯照明电路故障设置图

（一）灯管完全不发光

遇到这种情况可以按以下步骤检查：先打开室内其他灯具，看线路供电是否正常，若电路供电正常，则用测电笔检查开关接线柱，判断接触是否良好。

检查日光灯电路，首先从日光灯管开始，若判定灯管故障，可以安装新灯管。若不确定灯管是否故障，请在另一完好的日光灯座中测试旧灯管。

如果灯管没有故障，则尝试更换启辉器。日光灯启辉器按功率分级，因此针对灯具中的灯管使用合适的启辉器至关重要。拆下旧启辉器的方法与拆下旧灯管的方法相同，通过转动将其拿出灯具插座，操作方法如图 3-10 所示。安装新启辉器时，只需将其插入插座并转动以锁定到位即可。

图 3-10　启辉器拆卸

（二）灯管两端闪跳，不能正常发光

(1) 可能是整个电路的电压不足，此时可以打开室内其他灯具，如发现灯光比平时暗，则可肯定是电路电压不足，待供电正常后，就会恢复正常。

(2) 可能是启辉器发生故障，这时可换新的启辉器(如果是急修，手头没有新的启辉器，可以拆开启辉器外壳，将并联在氖泡上的纸介电容器剪去作应急用，但必须尽快换上新启辉器)。

(3) 冬季室内温度太低，灯管起跳困难。这时可以用热毛巾在灯管中部来回贴烫(千万不能用湿毛巾接触灯管两端铝壳，以防触电)，灯管就能正常发光。

(4) 灯管使用日久，须更换新灯管。

（三）灯管两端发红，打开后不久自动熄灭

(1) 如果是使用日久的灯管，从两端逐渐发黑到最后透红有一个渐变的过程，基本上是灯管老化，灯丝即将烧断的前兆，更换灯管就能排除故障。

(2) 灯管使用一直正常但突然发生上述现象，很有可能是镇流器发生故障造成的，调换镇流器即可。

除了以上几种常见的日光灯故障外，还可能会出现一些特殊的故障，但不论什么故障，一般通过以上几个步骤的检修，基本都能排除。

技能训练

一、训练要求

(1) 根据课题的要求，按照日光灯照明线路图完成安装，线路布局美观、合理。

(2) 按照要求进行线路调试。

(3) 技能考核时间：30 min。

二、训练内容

(1) 根据要求设计日光灯线路。

(2) 在电气安装板上进行板前明线安装。导线应规范紧固，走线合理，不能架空。

(3) 检查接线，正确无误后通电调试，如遇故障自行排除。

三、训练使用的设备、工具、材料

(1) 电工常用工具、万用表。

(2) 电气安装板。

(3) 日光灯元件。

(4) 导线。

四、训练步骤

(1) 先把两个灯座和启辉器座装在灯架上。把镇流器固定在适当位置上。安装位置可参考图 3-11 所示。导线选择截面积 1 cm^2 的铜芯导线。

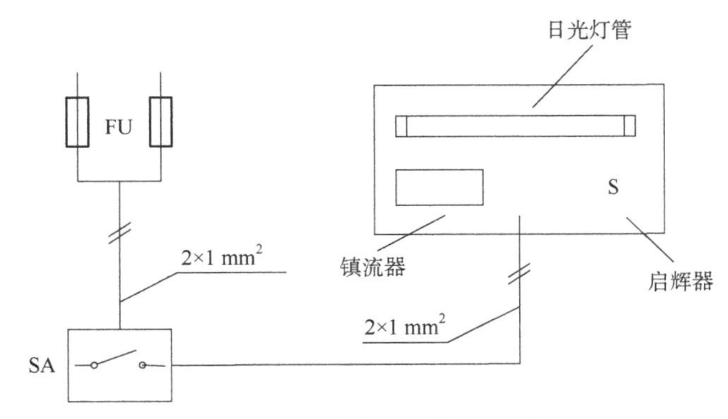

图 3-11　日光灯照明线路布置图

(2) 按日光灯照明线路图进行安装，不得漏接或错接。

(3) 使用接线螺母和压接型无焊连接器将灯具导线连接到线路中，导线连接完毕后，经指导教师允许方可通电调试。

1) 电路连线正确，通电瞬间，观察启辉器和灯管发光的先后顺序。

2) 不通电前把启辉器取下，再通电合上开关，观察灯管是否发光。

3) 电路通电后合上开关，日光灯正常工作时，把启辉器拿下，观察灯管是否发光。

(4) 装接完毕后，经指导教师允许后方可通电调试。

(5) 操作时注意安全。

技能考核

(1) 设计电路图。

(2) 按设计电路图进行安装、调试。

课题 4 单相有功电能表组成的量电装置线路

实训目的

（1）能选择合适的单相有功电能表、电流互感器表等元件。

（2）掌握单相有功电能表、电流互感器安装方法。

（3）能按工艺要求组装、调试经电流互感器接入的单相有功电能表组成的量电装置线路。

（4）能使用万用表检查线路中的故障。

任务分析

掌握单相有功电能表安装方法，并根据图 4-1 所示完成单相有功电能表线路的安装与调试。

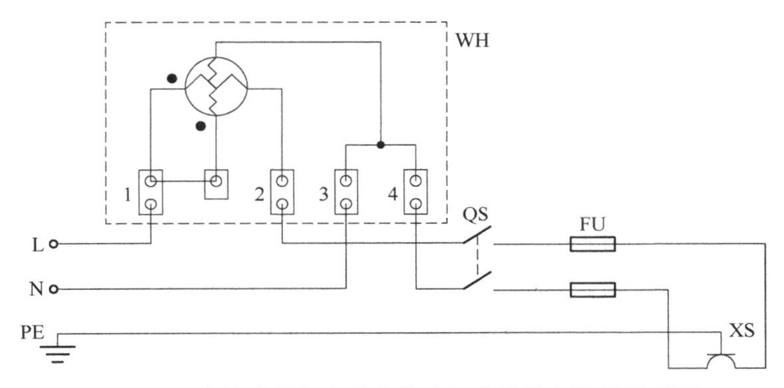

图 4-1　直接式单相有功电能表组成的量电装置原理图

基础知识

一、线路元件

（一）电能表

电能表又称为电度表，它利用电压和电流线圈在铝盘上产生的涡流与交变磁通相互作用产生电磁力，使铝盘转动，同时引入制动力矩，使铝盘转速与负载功率成正比，通过轴向齿轮传动，由计度器根据铝盘转动圈数计算出电能。电能表主要由电压线圈、电流线圈、铝盘、转轴、制动磁钢、齿轮、计度器等组成，如图 4-2 所示。

测量机构是电能表的核心部分，它包括以下五部分：

1）驱动部分，也称驱动组件，由电压线圈和电流线圈组成。其作用是产生驱动磁场，并与铝盘相互作用产生驱动力矩，使电能表的转动部分做旋转运动。

2）转动部分，由铝盘和转轴组成，并配以支撑转动的轴承。轴承分为上、下两部分，上轴承主要起导向作用；下轴承主要用来承担转动部分的全部质量，它是影响电能表准确度及使用寿命的主要部件，因此对其工艺质量要求较高。感应式长寿命电能表一般采用没有直接摩擦的磁力轴承。

3）制动磁钢，由永久磁铁和磁轭组成，其作用是在铝盘转动时产生制动力矩使其匀速旋

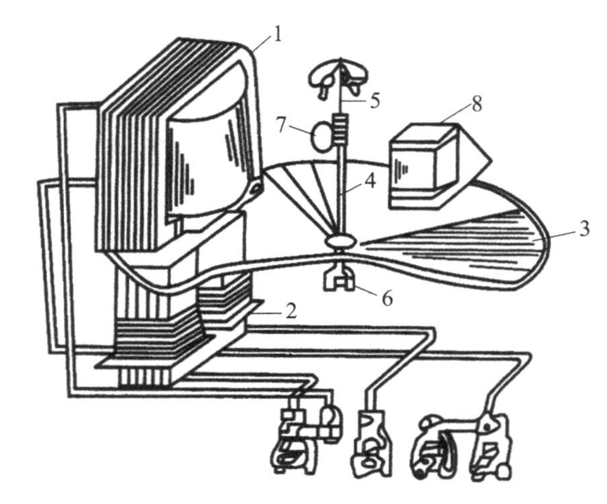

1—电压线圈；2—电流线圈；3—铝盘；4—转轴；5—上轴承；6—下轴承；7—计度器；8—制动磁钢。

图 4-2　电能表主要结构

转，并使转速与负荷的大小成正比。

4）计度器，是由蜗轮通过减速轮、字码轮把电能表铝盘的转数变成与电量相对应指示值的构件，其显示单位就是电能表的计量单位，有功电能表的计量单位是 kW·h，无功电能表的计量单位是 kVar·h。

5）辅助部件。

（二）单相有功电能表

单相有功电能表一般是民用的，接 220 V 设备的单相有功电能表可用来测量单相交流电路的有功电能。它是一种感应式仪表，主要由一个可旋转的铝盘和分别绕在铁芯上的一个电压线圈与一个电流线圈组成。常见的单相有功电能表实物如图 4-3 所示。

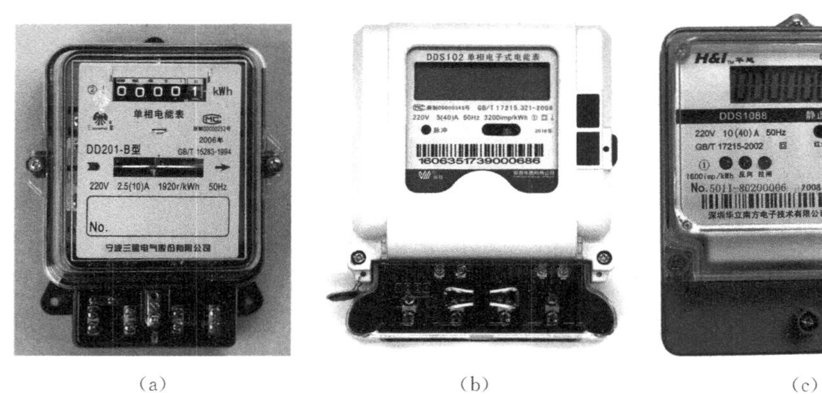

(a)　　(b)　　(c)

图 4-3　单相有功电能表

(a)转盘式；(b)电子式；(c)静止式

1. 单相电能表接线方式

我国家庭住宅供电线路电压是 220 V，频率是 50 Hz，所选单相有功电能表的额定电压和适用频率应与此线路电压、频率一致。单相有功电能表共有五个接线端子，其中有两个端子在表内部用连片短接，所以单相有功电能表的外接端子只有四个，即 1、2、3、4 号端子。由于电能表的型号不同，各类型的表在铅封盖内都有四个端子的接线图。单相电能表的四个接线端子：自左至右1号端子相线进，2号端子相线出，3号端子零线进，4号端子零线出。接线方法如图4-4所示。

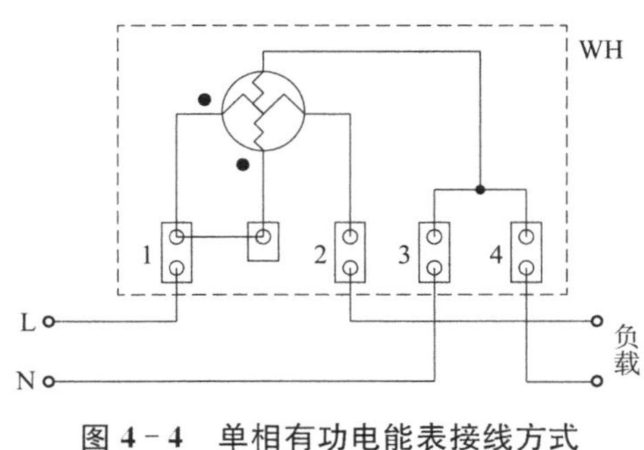

图4-4 单相有功电能表接线方式

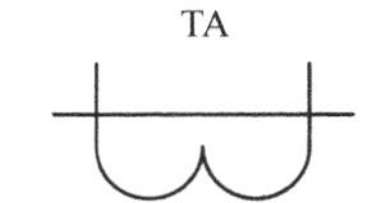

图4-5 电流互感器文字图形符号

2. 经电流互感器的单相有功电能表接线方式

通过电流互感器与电源相接的单相有功电能表，其计量电流最高可达几十A，电压最高在几百V。当被计量的用电线路电流或电压超过电能表的最高量限时，则要通过电流互感器（文字图形符号如图4-5所示）。对于低压供电线路，一般只用电流互感器。

电流互感器一次侧接被测电路，其L1端接电源相线，L2端接负载。流过它的电流即为电路电流的实际值。因此，在选择电流互感器时，其一次电流标定值应在被测电路最大电流的1.1倍左右。常用的电流互感器二次侧额定电流为5A，所以要求配用电能表的电流量程也应为5A。二次的K1端接电表的1号端子（端子序号的排列方法为由左到右），K2端接电表的2号端子。电能表的3号端子接电源的相线（电流互感器的L1端），4号端子接电源的零线，如图4-6所示，这一点与不用电流互感器的直接接入法不同，所以需要适应这种接线方式的专用单相电能表。

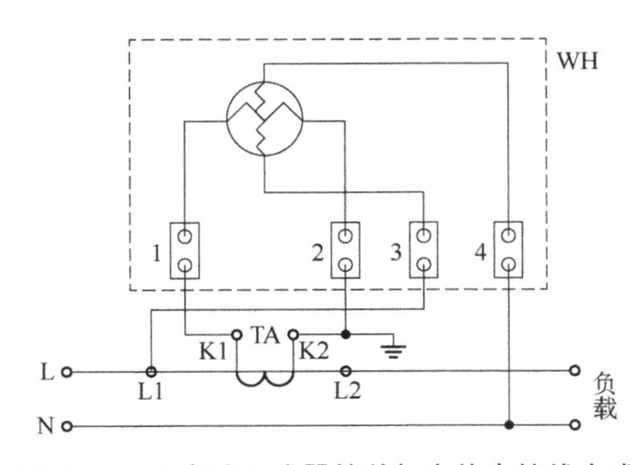

图4-6 经电流互感器的单相电能表接线方式

3. 单相电能表的安装与使用

（1）合理选择单相电能表：选择电能表时，电流值选择最重要也最复杂。其一是启动电流，即能够使转盘连续转动的最小电流；其二是最大额定电流相对基本电流的倍数。另外，旧式表和新式表在性能方面有差异。目前老住宅仍在使用的旧式电能表，启动电流比较大，一般为基本电流的5%～10%；最大额定电流小，一般小于等于基本电流的2倍，在表盘的盘面上只标一个电流值，且笼统地称为额定电流。所以在旧电工手册中指出，使用时负载电路的电流应大于额定电流的10%，小于120%或125%。根据国家标准GB/T 15283－94和国际标准IEC 521－1988生产的电能表，新建住宅中使用的电能表启动电流小，对于表来说为0.5%；最大额定电流大，一般最大额定电流为基本电流的2～4倍，有的可达6～8倍。在新电能表表盘的盘面上标有两个电流值，如5(20 A)，选用这个电能表时一方面要注意负载最小电流不能低于启动电流，即0.5%×(≥5) A＝0.025 A；另一方面长期使用的电流值不能高于最大额定电流值20 A。选择电能表时，应考虑到进入家庭的各种电器日益增多，要留有余量，也要合理适度，因为倍数越大的表价格越高。

电能表铭牌电流5(10)A、10(20)A、5(20)A。括号前的电流值叫标定电流，是作为计算负载基数电流值的，括号内的电流叫额定最大电流，是能使电能表长期正常工作，而误差与温升完全满足规定要求的最大电流值。上述意思就是5(10)A的表比10(20)A和5(20)A最大允许使用电流小一半，5(20)A的表和10(20)A的表最大允许使用电流是一样的，但轻负载的时候5(20)A的表计量更准确。

(2) 安装电度表：电度表通常与配电装置安装在一起，而电度表应该安装在配电装置的下方，其中心距地面1.5～1.8 m处；并列安装多只电度表时，两表间距不得小于200 mm；不同电价的用电线路应该分别装表；同一电价的用电线路应该合并装表；安装电度表时，必须使表身与地面垂直，否则会影响其准确度。

(3) 正确接线：要根据说明书的要求和接线图把进线和出线依次对号接在电度表的出线头上；接线时注意电源的相序关系，特别是无功电度表更要注意相序；接线完毕后，要反复查对无误后才能合闸使用。当负载在额定电压下是空载时，电度表铝盘应该静止不动。当发现有功电度表反转时，可能是接线错误造成的，但不能认为凡是反转都是接线错误。下列情况下反转属正常现象：

① 装在联络盘上的电度表，当由一段母线向另一段母线输出电能时，电度表盘会反转。

② 当用两只电度表测定三相三线制负载的有功电能时，在电流与电压的相位差角大于60°，即$\cos\Phi<0.5$时，其中一个电度表会反转。

(4) 正确地读数：当电度表不经互感器而直接接入电路时，可以从电度表上直接读出实际电度数；如果电度表利用电流互感器或电压互感器扩大量程时，实际消耗电能应为电度表的读数乘以电流变比或电压变比。

二、单相电能表量电装置线路组成

直接式单相电能表量电装置线路组成：单相有功电能表、熔短器、导线、电源开关及插座等组成。

技能训练

一、训练要求

(1) 根据课题的要求，按照直接式单相有功电能表组成的量电装置和经电流互感器的单相电能表组成的量电装置完成线路的安装，线路布局美观、合理。

(2) 按照要求进行线路调试。

(3) 技能考核时间：30 min。

二、训练内容

(1) 根据要求设计线路。

(2) 在电气安装板上进行板前明线安装。导线应规范紧固，走线合理，不能架空。

(3) 检查接线,正确无误后通电调试,如遇故障自行排除。

三、训练使用的设备、工具、材料

(1) 电工常用工具、万用表。

(2) 电气安装板。

(3) 单相有功电能表、熔断器、单相插座。

(4) 导线。

四、训练步骤

(1) 根据课题的要求配齐线路中的元件。

(2) 按设计照明电路图进行安装连接,不要漏接或错接。

(3) 装接完毕后,经指导教师允许后方可通电调试。

(4) 操作时注意安全。

技能考核

(1) 设计电路图。

(2) 按设计电路图进行安装、调试。

课题 5 中、小型异步电动机的测试与检修

实训目的

（1）掌握中、小型异步电动机工作原理。

（2）能根据给定的设备和仪表，在规定的时间内完成中、小型异步电动机的性能检测、调试等工作。

（3）能处理并维护中、小型异步电动机的故障。

（4）能执行电气安全操作规程。

任务分析

了解异步电动机原理，能根据使用场合正确选择合适的异步电动机，遇到电气、机械故障，能对故障原因进行分析，并利用仪表、工具等快速进行判断、修复。

基础知识

异步电动机可分为感应电动机和交流换向器电动机。感应电动机又分为三相异步电动机、单相异步电动机和罩极异步电动机。

一、异步电动机基本知识

1. 基本特点

异步电动机的结构简单，制造、使用、维护方便，运行可靠性高，质量小，成本低。以三相异步电动机为例，与同功率、同转速的直流电动机相比，前者质量只及后者的二分之一，成本仅为三分之一。

异步电动机按不同环境条件的要求，派生出各种系列产品。它还具有接近恒速的负载特性，能满足大多数工农业生产机械拖动的要求。其局限性是转速与旋转磁场的同步转速有固定的转差率，因而调速性能较差，在要求有较宽广的平滑调速范围的使用场合（如传动轧机、卷扬机、大型机床等），不如直流电动机经济、方便。此外，异步电动机运行时从电力系统吸取无功功率励磁，这会导致电力系统的功率因数降低。因此，在大功率、低转速场合（如拖动球磨机、压缩机等）不如用同步电动机合理。

2. 分类

由于异步电动机生产量大、使用面广，就要求其必须有繁多的品种、规格与各种配套机械。因此，异步电动机的设计、生产特别要注意标准化、系列化、通用化。在各系列产品中，以产量最大、使用最广的三相异步电动机为基本系列，此外还有若干派生系列（在基本系列基础上作部分改变导出的系列）、专用系列（为特殊需要设计的具有特殊结构的系列）。

异步电动机的种类繁多，有防爆型三相异步电动机、YS 系列三相异步电动机、Y 及 Y2 系列三相异步电动机、YVP 系列变频调速电动机等。

二、单相异步电动机

单相异步电动机是靠 220 V 单相交流电源供电的一类电动机，它适用于只有单相电源的

小型工业设备和家用电器中。

1. 工作原理

在交流电动机中，当定子绕组通过交流电流时，便建立了电枢磁动势，它对电动机能量转换和运行性能都有很大影响。单相交流绕组通过单相交流电流产生脉振磁动势，该磁动势可分解为两个幅值相等、转速相反的旋转磁动势和，从而在气隙中建立正传和反转磁场和。这两个旋转磁场切割转子导体，并分别在转子导体中产生感应电动势和感应电流。该电流与磁场相互作用产生正、反电磁转矩。正向电磁转矩企图使转子正转；反向电磁转矩企图使转子反转。这两个转矩叠加起来就是推动电动机转动的合成转矩。

2. 应用

单相异步电动机功率小，主要用于小型电动机，如家用电器(洗衣机、电冰箱、电风扇等)、电动工具(手电钻等)、医用器械等。

3. 特征

(1) 一般来说，小型单相异步电动机指的就是感应运转型异步电动机。这种电动机不只在启动时，在运转时也使用辅助线圈和电容器。虽然启动转矩不是很大，但其结构简单，可靠性高，效率也高。

(2) 可以连续运转。

(3) 随负荷的大小，电动机的额定转速也会改变。

(4) 使用于不需要速度制动的应用场合。

(5) 用 E 种绝缘等级，而 UL 型电动机则用 A 种。

(6) 单相异步电动机为感应运转型异步电动机，效率高、噪声低。

(7) 单相异步电动机的电源有 A(110 V 60 Hz)、B(220 V 60 Hz)、C(100 V 50/60 Hz)、D(200 V 50/60 Hz)、E(115 V 60 Hz)、X(200～240 V 50 Hz)等。

(8) 单相异步电动机运转时，产生与旋转方向相反的转矩，因此不可能在短时间内改变方向。应在电动机完全停止以后，再转换其旋转方向。

三、三相异步电动机

与单相异步电动机相比，三相异步电动机运行性能好，并可节省各种材料。按转子结构的不同，三相异步电动机可分为笼式和绕线式两种。笼式转子的异步电动机结构简单、运行可靠、质量轻、价格便宜，得到了广泛的应用，其主要缺点是调速困难。绕线式三相异步电动机的转子和定子一样也设置了三相绕组并通过滑环、电刷与外部可变电阻器连接。调节可变电阻器电阻可以改善电动机的启动性能和调节电动机的转速。

1. 工作原理

三相异步电动机转子的转速低于旋转磁场的转速，转子绕组因与磁场间存在着相对运动而产生感生电动势和电流，并与磁场相互作用产生电磁转矩，实现能量变换。

三相异步电动机的转子转速不会与旋转磁场同步，更不会超过旋转磁场的速度。因为转子线圈中的感应电流是因转子导体与磁场有相对运动而产生的。如果转子的转速与旋转磁场的转速成大小相等，那么，磁场与转子之间就没有相对运动，导体不能切割磁感线，转子线圈中也就不会产生感应电势和电流，转子导体在磁场中也就不会受到电磁力的作用而使转子转动。因而异步电动机的转子旋转速度不可能与旋转磁场相同，总是小于旋转磁场的同步转速。但在特殊运行方式下(如发电制动)，转子转速可以大于同步转速。

由于三相异步电动机的转子与定子旋转磁场以相同的方向、不同的转速旋转，因此叫三相

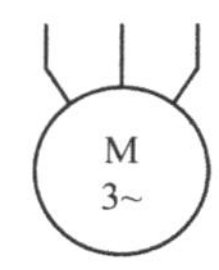

图 5-1　三相交流异步电动机的文字图形符号

异步电动机而非三相同步电动机。三相交流异步电动机文字图形符号如图 5-1 所示。

2. 结构与组成

(1) 定子(静止部分)。

1) 定子铁芯:定子铁芯作为电动机磁路的一部分,其上放置有定子绕组。外形如图 5-2 所示。

2) 定子三相绕组:定子三相绕组是电动机的电路部分,通入三相交流电,可产生旋转磁场。

3) 定子三相绕组的接线方式:星形接法(Y 接)、三角形接法(△接),如图 5-3 所示。

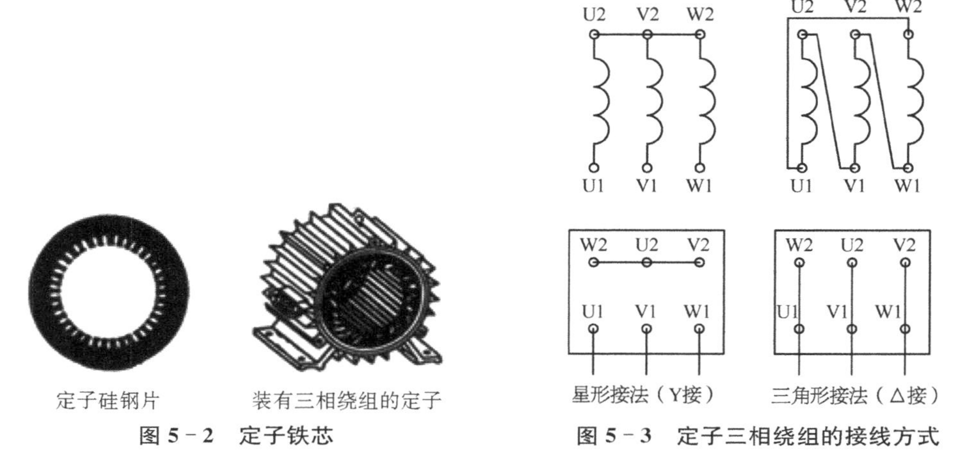

定子硅钢片　　装有三相绕组的定子

图 5-2　定子铁芯

星形接法（Y接）　　三角形接法（△接）

图 5-3　定子三相绕组的接线方式

(2) 机座。

三相交流异步电动机的机座主要作为定子铁芯与绕组的机械支撑,并用来固定端盖或端罩,有些情况下还要构成通风系统的风路或风室,甚至支撑冷却器、过滤器与消声器等,但不起导磁作用。

(3) 转子(旋转部分)。

转子是电动机的旋转部分,包括转子铁芯、转子绕组和转轴等部件。

1) 转子铁芯作为电动机磁路的一部分,一般用 0.5 mm 厚的硅钢片材料冲制、叠压而成,硅钢片外圆冲有均匀分布的孔,用来安置转子绕组。

2) 转子绕组作用是切割定子旋转磁场产生感应电动势及电流,并形成电磁转矩从而使电动机旋转。根据构造的不同分为鼠笼式转子和绕线式转子。

① 鼠笼式转子:若去掉转子铁芯,整个绕组的外形像一个鼠笼,故称鼠笼型绕组。小型鼠笼型电动机采用铸铝转子绕组,对于 100 kW 以上的电动机采用铜条和铜端环焊接而成。如图 5-4 所示。

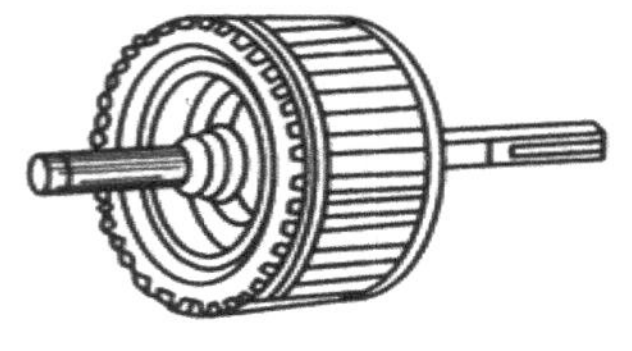

鼠笼型绕组

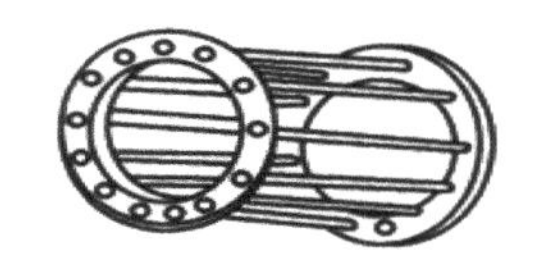

转子外形

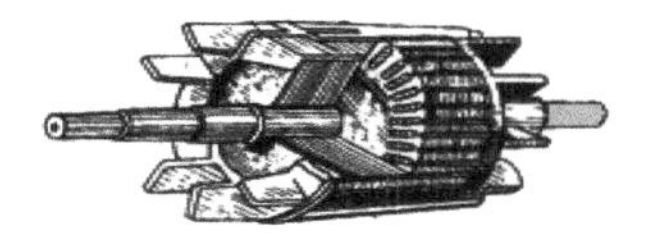

铸铝鼠笼型转子

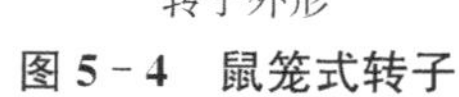

图 5-4　鼠笼式转子

② 绕线式转子：绕线转子绕组与定子绕组相似，也是一个对称的三相绕组，一般接成星形，三个出线头接到转轴的三个集电环（滑环）上，再通过电刷与外电路联接，如图5-6所示。

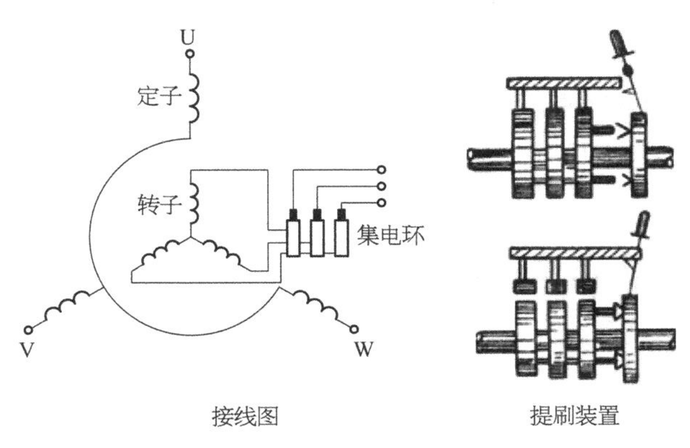

图5-5 绕线式转子

(4) 转轴。

用以传递转矩及支撑转子的质量，一般由中碳钢或合金钢制成。

(5) 其他附件。

端盖、轴承、轴承端盖、风扇。

3. 铭牌

三相异步电动机铭牌内容见表5-1。

表5-1 三相异步电动机铭牌内容

Y-112M-4		编号023	
功率4.0 kW		电流8.8 A	
电压380 V	转速1 440 r/min	LW82 dB	
三角形接法	防护等级IP44	50 Hz	45 kg
标准编号	工作制S1	B级绝缘	2011年2月
上海福尔电动机有限公司			

(1) 型号解析如图5-6所示。

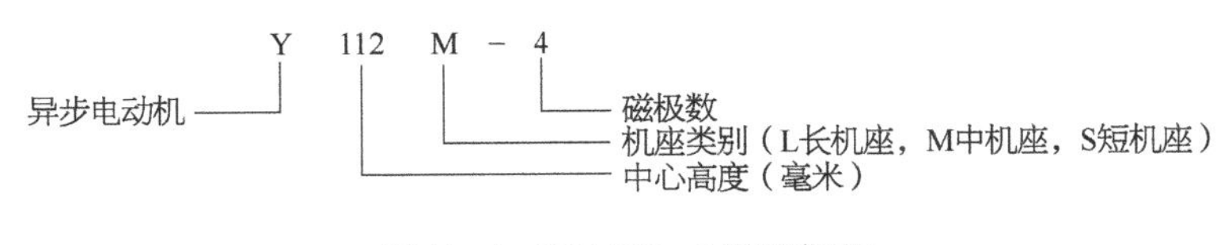

图5-6 Y112M-4型号解析

(2) 功率4.0 kW：指电动机在额定运行状态下运行时电动机轴上输出的机械功率，单位为kW。

(3) 电压 380 V:指电动机在额定运行状态下运行时定子绕组所加的线电压,单位为 V 或 kV。

(4) 电流 8.8 A:指电动机加额定电压、输出额定功率时,流入定子绕组中的线电流,单位为 A。

(5) 转速 1 440 r/min:指电动机在额定运行状态下运行时转子的转速,单位为 r/min。

(6) 50 Hz:我国规定工频为 50 Hz。

(7) 三角形接法:指电动机定子三相绕组与交流电源的联接采用三角形接法。

4. 异步电动机常见故障的分析

(1) 通电后电动机不能转动,但无异响,也无异味和冒烟。

1) 三相电源中至少有两相未通:检查电源电路。

2) 热继电器整定电流调得过小:调节热继电器电流整定值与电动机配合。

3) 控制设备接线错误:改正接线。

(2) 通电后三相异步电动机不转,随即熔丝烧断。

1) 定子绕组故障:查出故障点,予以修复。

2) 熔丝截面过小:更换熔丝。

3) 电源短路或接地:检查电路,消除接地点。

(3) 通电后三相异步电动机不转,有嗡嗡声。

1) 定子、转子绕组有断路造成缺相:查明断路点,予以修复。

2) 绕组内部连接错误:检查电动机绕组同名端,判别接法是否正确。

3) 电源回路接点松动:紧固松动的接线螺钉。

4) 轴承卡住:修复轴承。

(4) 三相异步电动机启动困难,带额定负载时,电动机转速低于额定转速较多。

1) 电动机相电压过低:测量电源电压或检查电动机接法。

2) 电动机定子、转子故障:查出故障点,予以修复。

3) 电动机过载:减少负载。

(5) 三相异步电动机空载,过负载时电流表指针不稳有摆动。

1) 转子导条故障:笼开转子断条,检查短路点加以修复或更换转子断条。

2) 转子或电刷、集电环故障:检查电动机转子回路并修复。

(6) 电动机内部冒火或冒烟。

1) 电动机内部各引线的转接点不紧密或有短路、接地或电动机严重过载。

2) 鼠笼式两极电动机在启动时,由于启动时间长,启动电流较大,转子绕组中感应电压较高,因而鼠笼与铁芯之间产生微小火花,启动完毕后,火花也就消失了,检查电枢绕组的发热情况或当电动机不通电时,测量其直流电阻并与出厂时数据相比较检查处理故障点。

(7) 外壳带电。

1) 未接地或接地不良:按规定接好地线或清除接地不良处。

2) 电动机绕组受潮绝缘有损坏,有脏物或引出线碰壳:干燥修理或更换绝缘,清除脏物。

四、兆欧表

兆欧表(又叫摇表或绝缘电阻表)是电工常用的一种测量仪表,主要用来检查电气设备、家用电器或电气线路对地及相间的绝缘电阻,以保证这些设备、电器和线路工作在正常状态,避免发生触电伤亡及设备损坏等事故,实物如图 5-7 所示。

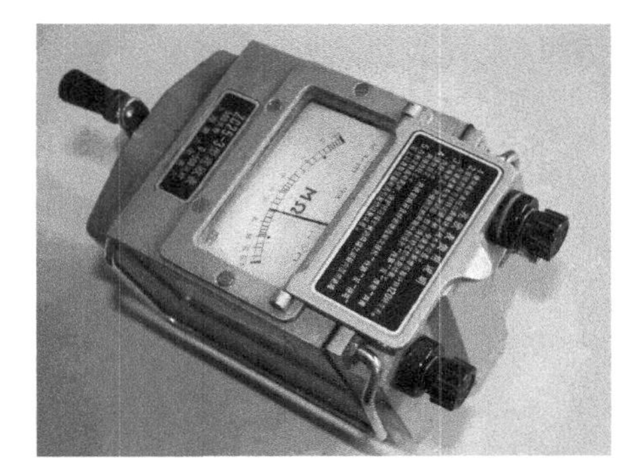

图5-7　兆欧表实物图

兆欧表的接线柱共有三个：L为接线端，E为接地端，G为屏蔽端（也称为保护环），一般被测绝缘电阻都在L、E端之间，但当被测绝缘体表面漏电严重时，必须将被测物的屏蔽环或不进行测量的部分与G端相连接。

1. 选用原则

（1）额定电压等级的选择：一般情况下，额定电压在500 V以下的设备，应选用500 V或1 000 V的兆欧表；额定电压在500V以上的设备，选用1000～2500 V的兆欧表。

（2）电阻量程范围的选择：兆欧表的表盘刻度线上有两个小黑点，小黑点之间的区域为准确测量区域，所以在测试时应使被测设备的绝缘电阻在准确测量区域内。

2. 使用方法

（1）兆欧表使用时应放在平稳、牢固的地方，且远离大的外电流导体和外磁场。

（2）校表：测量前将兆欧表进行一次开路和短路试验，检查兆欧表是否良好。

操作方法：将L端与E端的接线开路，摇动兆欧表手柄，指针应指在"∞"处，再把L端与E端连接线短接一下，指针应指在"0"处，符合上述条件者兆欧表即良好，否则不能使用。校表示意如图5-8所示。

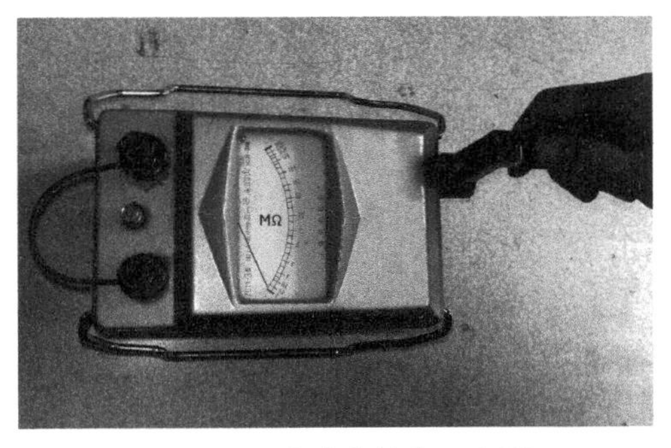

图5-8　兆欧表校表示意图

（3）测量前，应切断被测电器及回路的电源，并对相关元件进行临时接地放电，以保证人身安全与兆欧表测量结果的准确。

（4）要选用电压等级符合的兆欧表。

（5）测量绝缘电阻时，一般只用L端和E端，但在测量电缆对地的绝缘电阻或被测设备的漏电流较严重时，就要使用G端，并将G端接屏蔽层或外壳。线路接好后，可按顺时针方向转动摇把，摇动的速度应由慢而快，当转速达到120 r/min左右时，保持匀速转动，1 min后读数，并且要边摇边读数，不能停下来读数。

（6）摇动兆欧表时，不能用手接触兆欧表的接线柱和被测回路，以防触电。

五、钳形电流表

通常用普通电流表测量电流时，需要将电路切断停机后才能将电流表接入进行测量，这是很麻烦的，有时正常运行的电动机不允许这样做。此时，使用钳形电流表就显得方便多了，可以在不切断电路的情况下测量电流。

钳形电流表实物如图5-9所示，用于在不拆断线路的情况下直接测量线路中的电流。其使用方法如下。

（1）进行电流测量时，被测载流体的位置应放在钳口中央，以免产生误差。

（2）测量前应估计被测电流的大小，选择合适的量程，在不知道电流大小时，应选择最大量程，再根据指针适当减小量程，但不能在测量时转换量程。

（3）为了使读数准确，应保持钳口干净无损，如有污垢，应用汽油擦洗干净再进行测量。

图 5-9 数字式(低压)钳形电流表

(4) 在测量 5 A 以下的电流时,为了测量准确,应该绕圈测量。

(5) 钳形表不能测量裸导线电流,以防触电和短路。

(6) 测量完后一定要将量程分挡旋钮放到最大量程位置上。

技能训练

一、训练要求

(1) 根据给定的设备和仪器仪表,在规定的时间内完成中、小型异步电动机电气性能检测等工作,达到课题规定的要求。

(2) 技能考核时间:30 min。

二、训练内容

(1) 电动机直流电阻测量:步骤要正确,能正确使用仪表。

(2) 电动机绝缘电阻测量:步骤要正确,能正确使用兆欧表。

(3) 电动机空载试验:能正确接线、运转,测量所需的数据(电流)。

(4) 电动机常见故障(故障现象由指导教师指定)的分析,并写出检修方法与步骤。

三、训练使用的设备、工具、材料

(1) 电工常用工具、万用表、兆欧表、钳形电流表。

(2) 三相异步电动机。

(3) 导线。

四、训练步骤

三相异步电动机内部结构有两部分,即"绕组"和"铁芯",一般铁芯的使用寿命比较长,绕组却容易损坏,因此绕组的检修就成为电动机修理的主要内容。

电动机发生故障的原因有很多,大体上可分为电动机本身和外部电源引起的故障;电动机本身又归纳为电磁方面和机械方面的故障。要准确判断和处理各种故障,除了要掌握基本原理,更加重要的是要在现场反复实践、不断总结经验。

1. 电动机直流电阻的检查

使用万用表的欧姆挡检测,实测三相绕组的阻值近似则电动机正常。测试方法如图 5-10 所示。

测量各相绕组的直流电阻:U、V、W。

2. 绕组绝缘性能的检查

(1) 兆欧表检查。

1) 选定兆欧表等级,一般 380 V 的电动机应选择 500 V 的兆欧表测量。

2) 测量前,应将兆欧表保持水平位置,左手按住表身,右手摇动兆欧表摇柄,转速约 120 r/min,指针指向"∞"则兆欧表正常,如果指针指向"0"处说明兆欧表有故障。

图5-10　电动机直流电阻的检查

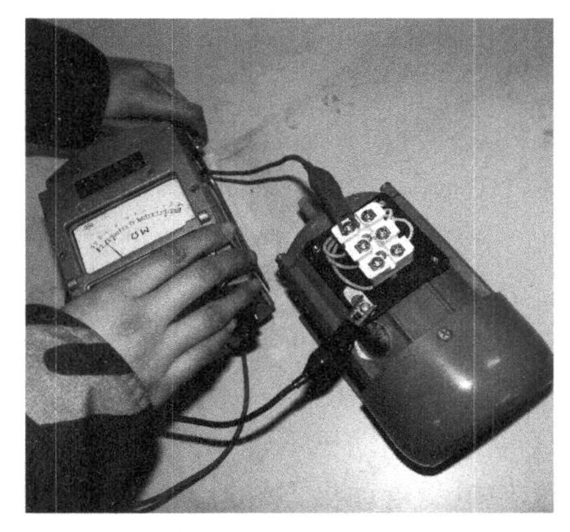
图5-11　兆欧表检查电动机绕组对地的绝缘电阻

（2）操作方法。

1）兆欧表的“线路端”接电动机绕组一端，“接地端”接电动机金属外壳。接好后，按120 r/min的转速转动摇柄，测量电动机的绝缘电阻示意方法，如图5-11所示。500 V以下的电气设备绝缘电阻应大于0.5 MΩ，如果指针为“0”，则表示电动机绕组与外壳短路。

测量各相绕组的对地绝缘电阻：U、V、W。

2）兆欧表的L端接电动机绕组一端，E端接电动机另一相绕组一端。接好后，按120 r/min的转速转动摇柄，500 V以下的电气设备绝缘电阻应大于0.5 MΩ，如果指针为“0”，则表示电动机绕组之间短路。测量电动机的各相绕组之间的绝缘电阻方法如图5-12所示。

测量各相绕组的相间绝缘电阻：U-V、V-W、W-U。

3）根据电动机铭牌规定在电动机接线盒内进行电源连接，具体绕组连接方法可参考图5-3。

4）接入三相电源，钳形电流表选择好合适的电流挡位后将钳形电流表钳口分别钳入每相电源线，检测电动机各相电流。合格的三相电动机各相电流应该大致相等(实际电流数应符合电动机铭牌上的额定电流值，如果过大，则考虑电动机是否有故障)，测试方法如图5-13所示，每次只能钳入一根导线(一相电源)进行测试。(注意：若同时钳入多根电源线，则钳形电流表读数为“0”，这是不正确的测试方法。)

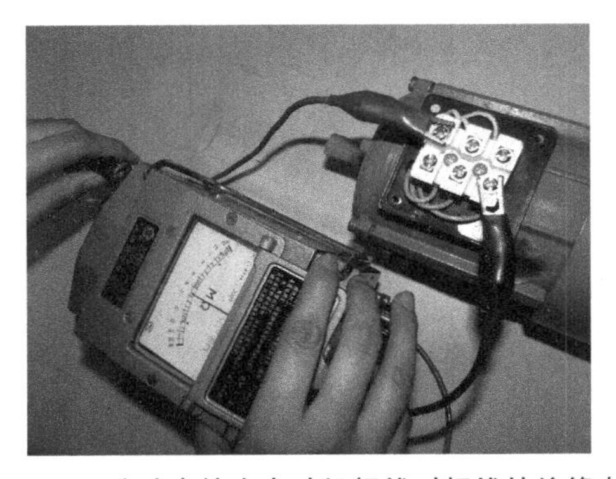
图5-12　兆欧表检查电动机相线对相线的绝缘电阻

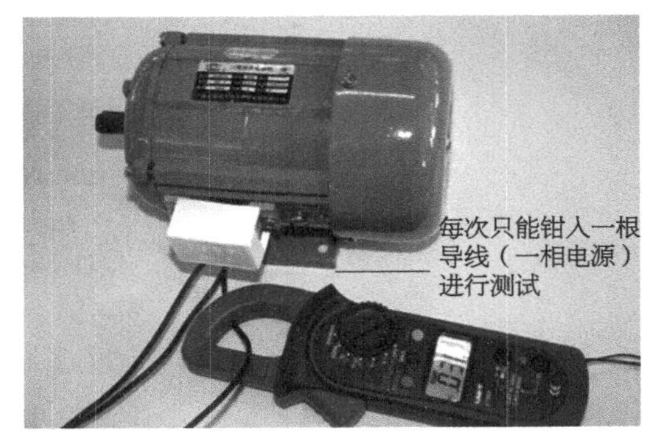

图5-13　钳形电流表检查电动机的电流

技能考核

(1) 完成三相异步电动机的定子绕组引出线首尾端判断,根据电动机铭牌进行连接并通电运行。

(2) 分析三相异步电动机常见故障(故障现象由指导教师任选一个)。

1) 电动机过热,甚至冒烟。

2) 运行中电动机振动较大。

3) 电动机运行时响声不正常,有异声。

4) 通电后电动机不转,有"嗡嗡"声。

5) 通电后电动机不能转动,但无异响,也无异味和冒烟。

课题 6 三相变压器同名端的判断、接线与故障分析

实训目的

（1）了解三相变压器原边、副边绕组同名端的判断方法。

（2）能根据给定的设备和仪表，掌握三相变压器原边、副边绕组同名端的判断。

（3）按要求通电调试三相变压器。

（4）能执行电气安全操作规程。

任务分析

了解三相变压器同名端，能使用仪表快速进行三相变压器原边、副边绕组判断并通电调试。

基础知识

变压器的同名端，就是在两个绕组中分别通以交流电（或直流电），当磁通方向叠加（同方向）时，两个绕组的电流流入端就是它们的一组同名端，两个绕组的电流流出端是它们的另一组同名端。电力设备的变压器在使用多绕组变压器时，常常需要弄清各绕组引出线的同名端或异名端，才能正确地将线圈并联或串联使用。

变压器常见故障现象分析：

1. 变压器接通电源而无输出电压

变压器接通电源而无输出电压，其原因可能是引线或电源插头有故障，也可能是一次或二次绕组开路。

2. 变压器温升过高

变压器温升过高，其原因可能是一次或二次绕组短路，硅钢片间绝缘损坏、叠厚不足、匝数不足或过载。

3. 变压器噪声偏大

变压器噪声偏大，其原因可能是铁芯未夹紧，电源电压过高，过载或短路。

4. 变压器铁芯带电

变压器铁芯带电，其原因可能是一次或二次通地，绝缘老化，引起绝缘脱落碰到铁芯或线圈受潮。

技能训练

一、训练要求

（1）根据给定的设备和仪器仪表，在规定的时间内完成三相变压器原边、副边绕组同名端的判断方法、调试等工作，达到课题规定的要求。

（2）技能考核时间：30 min。

二、训练内容

（1）三相变压器副边绕组同名端的判断。

(2) 三相变压器的接线。

(3) 通电调试。

三、训练使用的设备、工具、材料

(1) 电工常用工具、万用表、兆欧表。

(2) 三相变压器。

(3) 导线、电池等。

四、训练步骤

1. 三相变压器副边绕组同名端的判断方法之一

(1) 用数字万用表的电阻挡，分别找出三相绕组的同相绕组两个线头，操作方法如图 6-1 所示。

(2) 给三相绕组的线头编号：1、2 为一组，3、4 为一组，5、6 为一组。

(3) 在一组绕组中接上电池，另一组接上数字万用表的电压挡(mV 挡)，如图 6-2 所示。合上开关的瞬间，观察数字万用表的显示，如果为正电压，则数字万用表的正极与电池正极为同名端，反之为异名端。

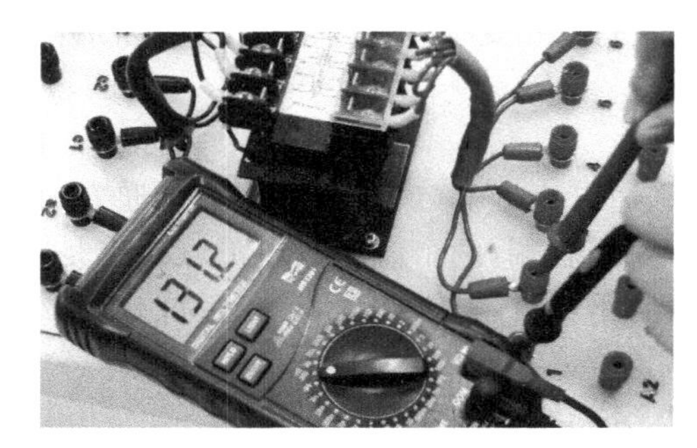

图 6-1　用数字万用表判断三相绕组的同相绕组

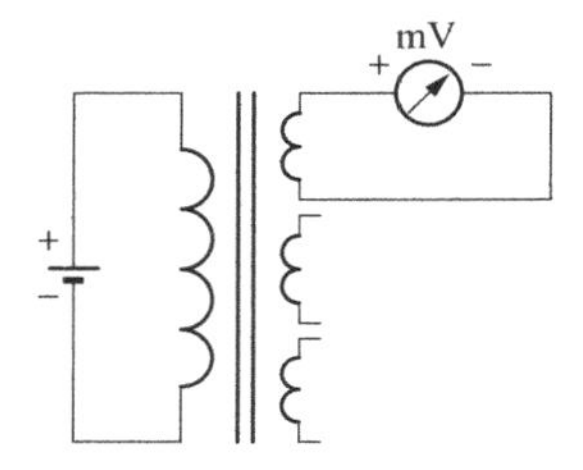

图 6-2　用数字万用表判断三相绕组的同相绕组

(4) 再将电池和开关接另一组绕组进行测试，就可正确判别三组绕组的同名端。

2. 三相变压器副边绕组同名端的判断方法之二

将变压器的两个绕组并联，再与一个灯泡串联在交流电源上。这个交流电源的频率要与变压器铁芯相适应，铁芯变压器用工频，开关变压器用开关电源供电。调换其中任一绕组的两个头，并联好后与灯泡串联通电。比较两种接法时，会发现亮度不同，亮度较暗的那一种接法，与变压器并联的端子即是同名端。

3. 通电调试

观察三相变压器的外壳上的铭牌，确定三相变压器额定工作电压、绕组的连接方法。

技能考核

(1) 完成三相变压器原边、副边绕组同名端判断，根据变压器铭牌规定画出其接线图进行连接并通电运行。

(2) 分析三相变压器常见故障(故障现象由指导教师任选一个)。

1) 变压器接通电源而无输出电压。

2) 变压器温升过高。

3) 变压器噪声偏大。

4) 变压器铁芯带电。

课题 7 低压电器的拆装、检修与调试

实训目的

(1) 了解低压电器结构、工作原理。
(2) 能根据给定的设备和工具掌握低压电器的维修方法。
(3) 按要求完成交流接触器拆装、通电调试。
(4) 能执行电气安全操作规程。

任务分析

了解低压电器工作原理、结构,能使用电工工具快速、正确地进行交流接触器检修并通电调试。

基础知识

控制电器:根据外界的电信号或非电信号,可以自动或手动地对所控制的电路或不具备电性能的对象进行控制的电气设备或器件总成。

控制电器按其工作电压的高低,以交流 1 200 V、直流 1 500 V 为界,划分为高压控制电器和低压控制电器两大类。

低压电器可以分为配电电器和控制电器两大类,是成套电气设备的基本组成元件。在工业、农业、交通中,大多数采用低压供电,因此电子元件的质量将直接影响到低压供电系统的可靠性。

常用的低压电器有主令电器、继电器、启动器、控制器、电阻器、可变电阻器、万能转换开关等。主令电器是一种机械操作的控制电器,可对各种电气系统发出控制指令,使继电器或接触器动作,从而改变电器设备的工作状态(如电动机的启动、停止、变速等),以获得远距离控制。

主令电器应用广泛,种类繁多。最常见的有控制按钮、行程开关、接近开关、转换开关和主令控制器等。

1. 控制按钮

控制按钮是用来短时接通或者分断小电流电路的控制电器,是发出控制指令或控制信号的电器开关,是一种手动且一般可以自动复位的主令电器。用于对电磁启动器、接触器、继电器及其他电气线路发出指令信号控制。

在控制电路中,通过按动按钮发出相关的控制指令来控制接触器、继电器等电器。再由继电器、接触器等其他电器受控后的工作状态实现对主电路的通断控制要求。

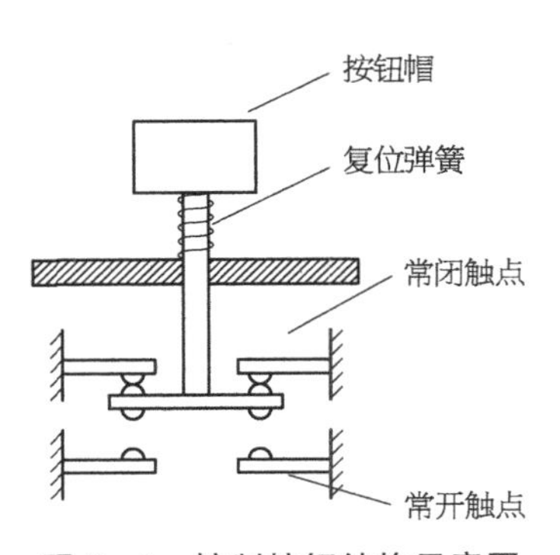

图 7-1 控制按钮结构示意图

按下按钮帽,桥式动触头使常开静触点闭合,常闭静触点断开。当松开按钮帽,在复位弹簧的作用下,按钮恢复成初始状态,控制按钮结构示意图如图 7-1 所示。选用按钮主要依据:需要

的触点对数、动作要求、使用场合及颜色要求等。

为了标明各个按钮的作用，避免误操作，通常将按钮帽做成不同的颜色以示区别，实物外形如图 7-2 所示，其颜色有红、橘红、绿、黑、黄、蓝、白等颜色。一般以橘红色表示紧急停止按钮；红色表示停止按钮；绿色表示启动按钮；黄色表示信号控制按钮；白色表示自筹按钮。

紧急式按钮装有突出的、较大面积并带有标志色为橘红色的蘑菇形按钮帽，以便于紧急操作，实物外形如图 7-3 所示。该按钮按动后将自锁为按动后的工作状态。

图 7-2 普通按钮

图 7-3 紧急式按钮

旋钮式按钮装有可扳动的手柄式或钥匙式的仅可单向或双向旋转的按钮帽，实物外形如图 7-4 所示。该按钮可实现顺序或互逆式往复控制。

指示灯式按钮是在透明的按钮帽内部装有指示灯，实物外形如图 7-5 所示。指示灯用作显示按动该按钮后的工作状态及控制信号是否发出或接收。

图 7-4 旋钮式按钮

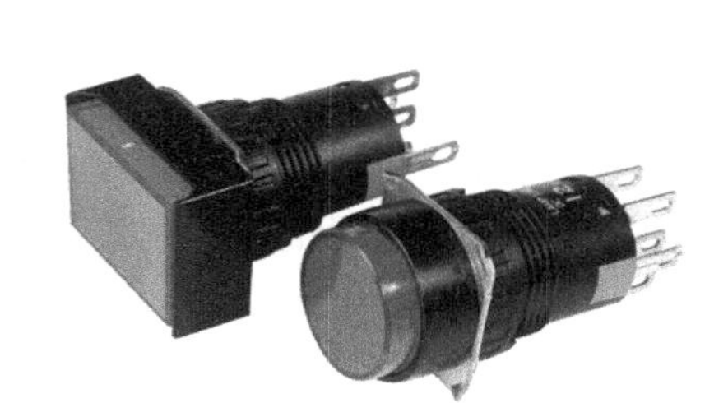

图 7-5 指示灯式按钮

图 7-6 钥匙式按钮

钥匙式按钮则是依据重大或安全的要求，在按钮帽上装有必须用特制钥匙方可打开或接通装置的按钮，实物外形如图 7-6 所示。

按钮开关的选用及日常保养：

① 选用按钮时应根据使用场合、被控电路所需触点数目、动作结果的要求、动作结果是否显示及按钮帽的颜色等方面的要求综合考虑。

② 使用前，应检查按钮动作是否自如，弹簧的弹性是否正常，触点接触是否良好，接线柱紧固螺丝是否正常，带有指示灯的按钮其指示灯是否完好。

③ 由于按钮触点之间的距离较小，应注意保持触点及导电部分的清洁，防止触点间短路

或漏电。

按钮的图形与文字符号如图 7－7 所示。

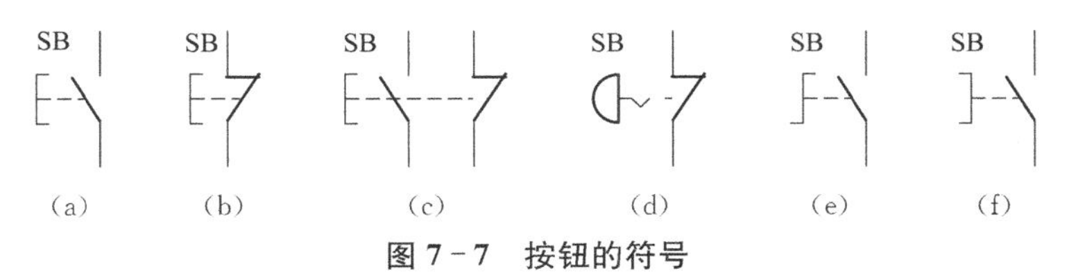

图 7－7　按钮的符号

(a)常开按钮;(b)常闭按钮;(c)复合按钮;(d)急停按钮;(e)具有动合触点但无自复位旋转按钮开关;(f)具有动合触点有自复位旋转按钮开关

不同结构形式的按钮分别用不同的字母来表示:A——按钮、K——开启式、S——防水式、H——保护式、F——防腐式、J——紧急式、X——旋钮式、Y——钥匙式、D——带指示灯式、DJ——紧急式带指示灯。

2. 位置开关

位置开关又称行程开关或限位开关,它的作用是将机械位移转变为电信号,使电动机运行状态发生改变,从而控制机械运动或实现安全保护。

位置开关包括行程开关、限位开关、微动开关和接近开关等。

(1) 行程开关。

根据生产机械的行程发出命令以控制其运行方向或行程长短的电器称为行程开关。若将行程开关安装于生产机械行程终点处以限制其行程,则称为限位开关或终点开关,机械式行程开关实物外形如图 7－8 所示。

图 7－8　机械式行程开关实物图

行程开关在结构上可以分为直动式、滚动式、微动式和非接触式 4 种。图 7－9 所示为直动式行程开关的结构原理图和图文符号。

行程开关在选用时主要根据被控电路的特点、要求,以及生产现场条件和所需要的触点数量、种类等因素来综合考虑选用其种类。根据机械位置对开关型式的要求和控制线路对触点数量的要求,以及电流、电压等级来确定其型号。

(2) 接近开关。

接近开关是一种非接触式的行程开关,通过感应头与被测物体间介质能量的变化来获取信号,当生产机械接近它到一定距离范围之内时,它就能发出信号以控制生产机械的位置或进行计数。

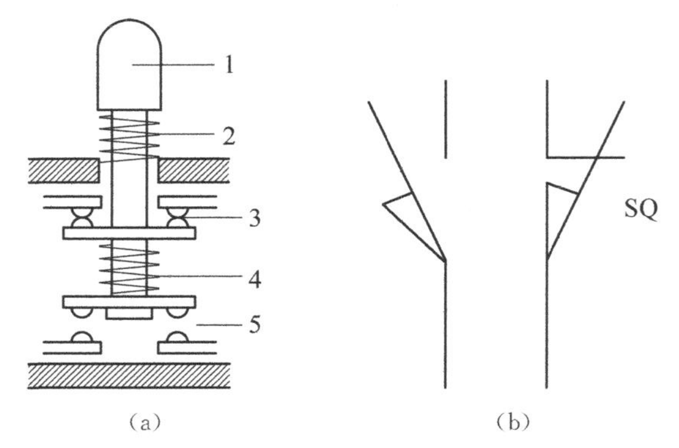

(a)　　(b)

1—顶杆；2—弹簧；3—常闭触点；4—触头弹簧；5—常开触点。

图 7－9　行程开关的结构原理图和图文符号

(a)结构示意；(b)符号

接近开关由工作电源、感测机构、振荡器、检波器、鉴幅器和输出电路等部分组成。感测机构的作用是将其他物理信号变换成电信号，通过输出电路实现由非电信号向电信号的转换。部分型号的接近开关实物图及图文符号如图 7－10 所示。

图 7－10　接近开关实物及符号

接近开关的应用已超出一般行程控制和限位保护的范畴，可用于高速计数、测速、液面控制、检测金属体的存在、检测零件尺寸及无触点按钮等场合。即使用作一般行程开关，其定位精度、操作频率、使用寿命及对恶劣环境的适应能力也比机械行程开关优秀。

3. 组合开关

组合开关又称转换开关，是由多节触点组合而成的一种手动控制电器，其实物外形如图 7－11 所示。

图 7－11　组合开关

组合开关有单级、双极和三级之分。组合开关可以用作电源引入开关、也可以用作 5.5 kW 以下电动机的直接启动、停止、反转和调速的控制开关。HZ 系列组合开关结构如图 7-12 所示，符号如图 7-13 所示。

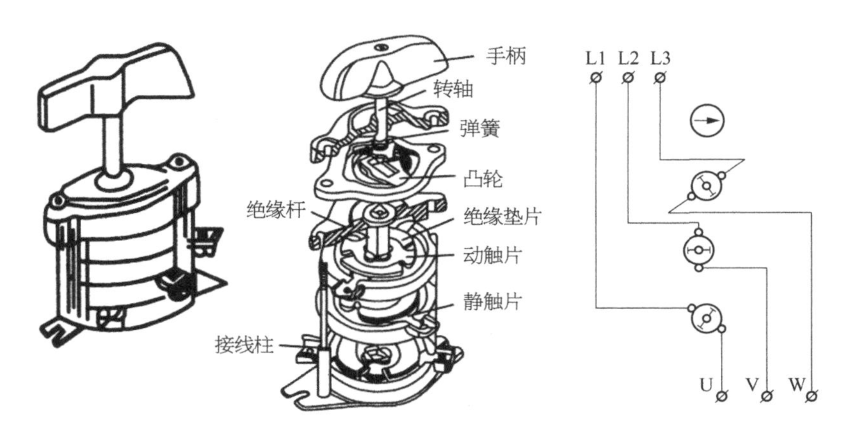

图 7-12 HZ 系列组合开关结构

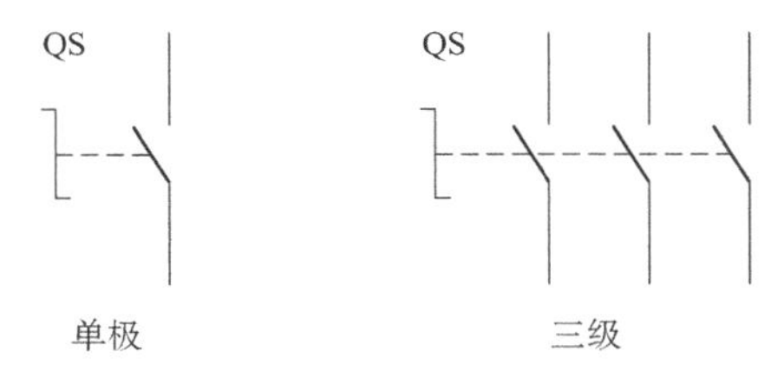

图 7-13 HZ 系列组合开关的符号

4. 低压断路器

低压断路器(图 7-14)又称为自动空气开关，可手动开关，又能用来分配电能、不频繁启动异步电动机，对电源线、电动机等实行保护。当它们发生严重过载、短路或欠压等故障时，能自动切断电路。

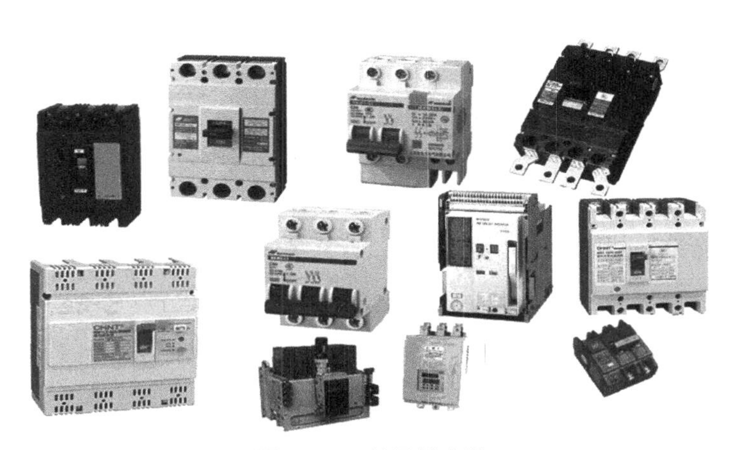

图 7-14 低压断路器

低压断路器主要由触点、灭弧装置、操作机构、保护装置(各种脱扣器)等部分组成。它具有多种保护功能(过载、短路、欠电压保护等)、动作值可调、分断能力高、操作方便、安全等优点,能自动切断故障电路,保护用电设备的安全。

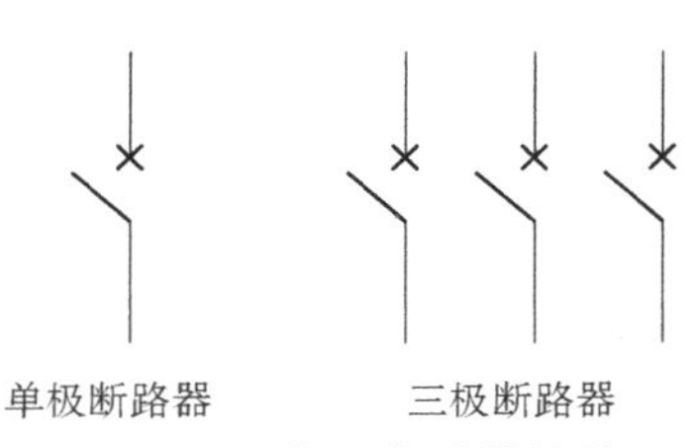

图 7-15　低压断路器符号

低压断路器的图形、文字符号如图 7-15 所示。

低压断路器的选用原则:

① 根据线路对保护的要求确定低压断路器的类型和保护形式。

② 低压断路器的额定电压应等于或大于被保护线路的额定电压。

③ 低压断路器欠压脱扣器额定电压应等于被保护线路的额定电压。

④ 低压断路器的额定电流及过流脱扣器的额定电流应大于或等于被保护线路的计算电流。

⑤ 低压断路器的极限分断能力应大于线路的最大短路电流的有效值。

⑥ 配电线路中的上、下级自动开关的保护特性应协调配合,下级的保护特性应位于上级保护特性的下方且不相交。

⑦ 低压断路器的长延时脱扣电流应小于导线允许的持续电流。

5. 熔断器

熔断器在电流超过规定值一段时间后,以其自身产生的热量使熔体熔化,从而使电路断开,是运用这种原理制成的一种电流保护器。熔断器广泛应用于低压配电系统和控制系统,以及作为用电设备中短路和过电流的保护器,是应用最普遍的保护器件之一。熔断器主要由熔体、外壳和支座三部分组成,其中熔体是控制熔断的关键元件。

熔断器的熔体材料通常有两种:一种是由铅锡合金和锌等低熔点、导电性能较差的金属材料制成;另一种是由银、铜等高熔点、导电性能好的金属制成。

当通过熔体的电流达到熔体额定电流的 1.3～2 倍时,熔体自身的发热温度开始缓慢上升,熔体开始缓慢熔断;当流过熔体的电流达到熔体额定电流的 8～10 倍时,熔体自身的发热温度呈突变式上升,熔体迅速熔断。熔断器的这种电流越大、熔体熔断速度越快的特性称为熔断器的保护特性或安-秒特性。

(1) 熔断器的符号如图 7-16 所示。

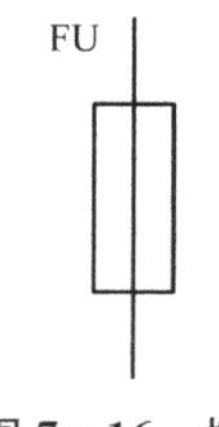

图 7-16　熔断器符号

(2) 熔断器的主要技术参数。

1) 额定电压:熔断器长期工作时和分断后所能够承受的电压值。

2) 额定电流:熔断器长期工作时,各组成部件的温升不超过规定值时所能承受的电流强度。

3) 极限分断能力:熔断器在额定电压和规定的功率因数(或时间常数)条件下,能够分断的最大短路电流值。

(3) 熔断器的种类。

1) 插入式熔断器。

插入式熔断器(图 7-17)主要应用于额定电压 70 V 以下的电路末端,作为供配电系统中对导线、电气设备(如电动机、负荷电器)及 220 V 单相电路(例如民用照明电路及电气设备)的短路保护电器。

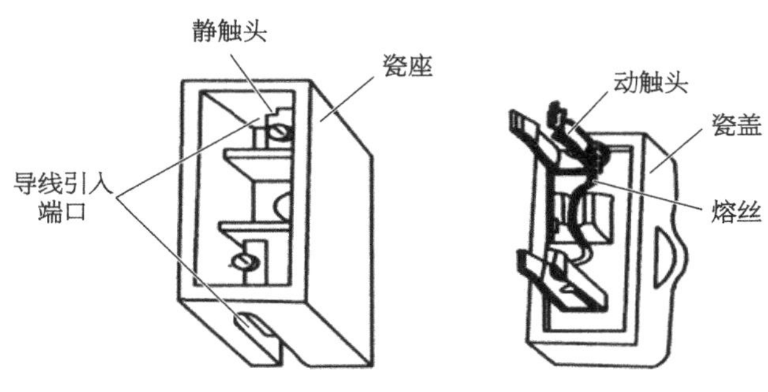

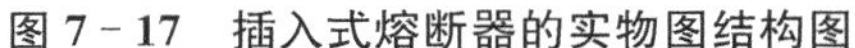
图 7－17　插入式熔断器的实物图结构图

图 7－18　无填料封闭管式熔断器实物图

2）无填料封闭管式熔断器。

无填料封闭管式熔断器（图 7－18）主要应用于经常发生过载和断路故障的电路中，用于低压电力线路或成套配电装置的连续过载及短路保护。

3）有填料封闭管式熔断器。

有填料封闭管式熔断器是在熔断管内添加灭弧介质后的一种封闭式管状熔断器，目前广泛使用的灭弧介质是石英砂。石英砂具有热稳定性好、熔点高、热导率高、化学惰性大和价格低廉等优点。

4）螺旋式熔断器。

螺旋式熔断器（图 7－19）主要在交流电压 500 V 电流强度 200 A 以下的电力线路和用电设备中作为短路保护器件。

图 7－19　螺旋式熔断器

5）半导体器件保护用熔断器。

半导体器件保护用熔断器又称为快速熔断器。它主要用于半导体整流元件或整流装置的短路保护。

6）自复式熔断器。

自复式熔断器采用金属钠作熔体，在常温下具有高导电率。当电路发生短路故障时，短路电流产生的高温会使金属钠在短时间内迅速气化，气态钠则呈现高阻态，从而限制了短路电流。

（4）熔断器的选用与维护。

1）熔断器的类型应根据线路的要求、使用场合及安装条件进行选择。

2）熔断器的额定电压必须等于或者高于其所在工作点的电压。

3）熔断器的额定电流应根据被保护的电路及设备的额定负载电流选择。熔断器的额定电流必须等于或者高于所安装的熔体的额定电流。

4）熔断器的额定分断能力必须大于电路中可能出现的最大故障电流值。

5）熔断器的选择需考虑在同一电路网络中与其他配电电器、控制电器之间的选择性级差配合的要求，上一级熔断器熔体的额定电流应比下一级熔断器熔体的额定电流大 1～2 个级差。

（5）熔体额定电流的选择。

1）对于只有很小或者没有冲击电流的负载电路的保护，熔体的额定电流应等于或者稍大于被保护的电路的工作电流，即：$I_{FU} \geqslant I$。

2）对于电动机类负载，必须考虑启动冲击电流的影响来选择熔体的额定电流值，即 $I_{FU} \geqslant (1.5 \sim 2.5) I_N$。

3）对于多台电动机由一个熔断器保护时，熔断器熔体额定电流的选择应按下式计算：$I_{FU} \geqslant (1.5 \sim 2.5) I_{Nmax} + \sum I_N$。式中 I_{Nmax} 为容量最大的一台电动机的额定电流；$\sum I_N$ 为其余电动机额定电流的总和。

4）减压启动的电动机所选用的熔断器熔体的额定电流可以等于或稍大于电动机的额定电流。

（6）使用和维护熔断器时应注意的事项。

1）安装前应检查所安装的熔断器的型号、额定电流、额定电压、额定分断能力、所配装的熔体的额定电流等参数是否符合被保护电路所规定的要求；

2）安装时应保证熔断器的接触刀或接触帽与其相对应的接触片、接触夹接触良好，以避免因接触不良产生较大的接触电阻或接触电弧，造成温度升高而引起熔断器的误动作和周围元件的损坏。

3）熔断器所安装的熔体熔断后，应由专职人员更换同一规格、型号的熔体。

4）定期检修设备时，对已损坏的熔断器应及时更换为同一型号的新熔断器。

6. 闸刀开关

闸刀开关（手柄闸刀式开关）是低压配电电器中结构最简单、应用最广泛的电器，主要应用于照明电路、小容量（5.5 kW 及以下）的动力电路且不频繁启动的控制电路中，其符号如图 7-20 所示。

图 7-20　闸刀开关符号

闸刀开关按极数分为单极、双极和三极；按操作方式分为直接手柄操作式、杠杆操作机构式和电动操作机构式；按刀开关可转换的方向分为单投式和双投式。

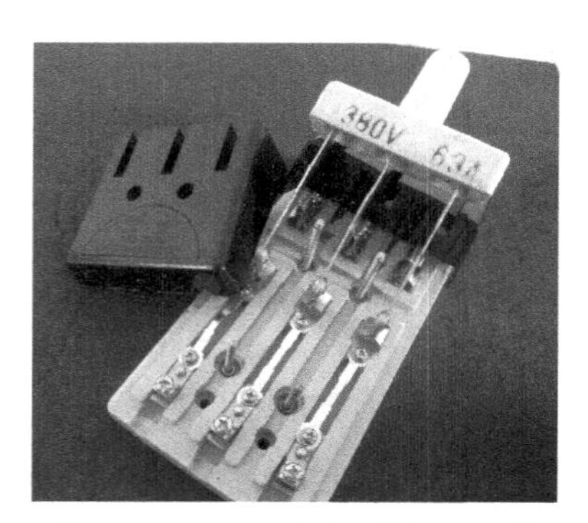

图 7-21　HK 系列胶盖闸刀开关

（1）胶盖闸刀开关。

胶盖闸刀开关又称为开启式负荷开关。HK 系列胶盖闸刀开关外形结构如图 7-21 所示。

（2）封闭式负荷开关。

封闭式负荷开关又称为铁壳开关。一般应用于接通不频繁的电路和分断负荷电路，也可以用作 15 kW 以下的电动机不频繁启动的控制开关。

常用的封闭式负荷开关有 HH3、HH4 系列，其中 HH4 系列为全国统一设计产品，HH4 系列铁壳开关实物外形如图 7-22 所示。它主要由触及灭弧系统、熔断器及操作机构三部分组成。三把闸刀固定在一根绝缘方轴上，由手柄完成分、合闸的操作。在操作机构中，手柄转轴与底座之间装有速动弹簧，使闸刀开关的接通与断开速度与手柄操作速度无关。封闭式负荷开关的操作机构有两个特点：一是采用了储能合闸方式，利用一根弹簧使开关的分合速度与手柄操作速度无关，这既改善开关的灭弧性能，又能防止触点停滞在中间位置，从而提高开关的通断能力，延长其使用寿命；二是操作机构上装有机械联锁，它可以保证开关合闸时不能打开防护铁盖，而当打开防护铁盖时，不能将开关合闸。

（3）熔断器式刀开关

熔断器式刀开关即熔断器式隔离开关。是一种以熔断体或带有熔断体的载融件作为动触点的隔离开关。熔断器式刀开关实物外形如图7－23所示。

图7－22 HH4系列封闭式负荷开关外形

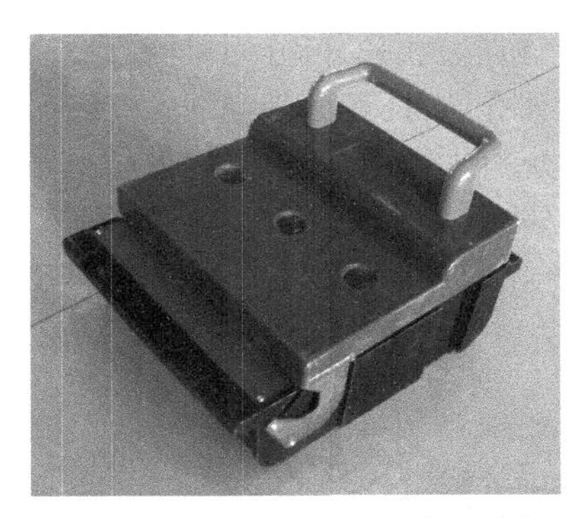

图7－23 熔断器式刀开关外形实物图

7. 接触器

接触器是一种通过触点系统的动作过程或状态以频繁地自动接通或者分断大电流主电路的远距离控制电器。

接触器的触点系统是接触器的执行机构。接触器按其所需的动力驱动方式可分为电磁式接触器、气动式接触器和液压式接触器。

电磁式接触器是通过电磁机构的动作状态，通过机械机构的传导带动触点系统自动地接通或分断主电路的电器。电磁式接触器按其主触点通过的电流种类的不同，分为交流接触器和直流接触器两大类。

接触器的符号，如图7－24所示。

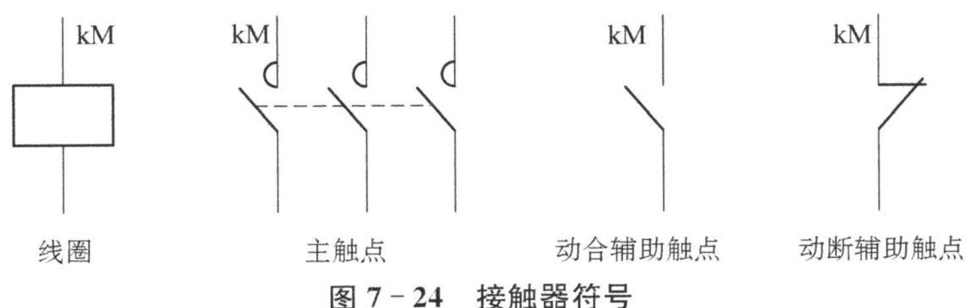

图7－24 接触器符号

（1）交流接触器。

交流接触器广泛用于电力的开断和控制电路。交流接触器利用主触点来开、闭电路，用辅助触点来执行控制指令。主触点一般只有常开触点，而辅助触点常有两对具有常开和常闭功能的触点，小型的接触器也经常作为中间继电器配合主电路使用。

交流接触器的接点由银钨合金制成，具有良好的导电性和耐高温烧蚀性。交流接触器的动作动力来源于交流电磁铁，电磁铁由两个“山”字形的硅钢片叠成，其中一个固定在上面套上线圈，工作电压有多种供选择。为了使磁力稳定，铁芯的吸合面加上短路环。交流接触器在失电后依靠弹簧复位。另一半是活动铁芯，构造和固定铁芯一样，用以带动主触点和辅助触点的开断。20 A 以上的接触器加有灭弧罩，利用断开电路时产生的电磁力快速拉断电弧，以保护触点。

交流接触器主要由电磁系统、触点系统、灭弧装置和绝缘框架及辅助部件组成。交流接触器的主触点通过的电流种类为交流电流。交流接触器结构如图 7－25 所示。

交流接触器的灭弧装置是与继电器区分的主要标志。

① 按主触点极数分：可分为单极、双极、三极、四极和五极接触器。

② 按灭弧介质分：可分为空气式接触器、真空式接触器等。

③ 按有无触点分：可分为有触点接触器和无触点接触器。

（2）直流接触器。

直流接触器（实物外形如图 7－26 所示）的构成和交流接触器一样，也是由触点系统、电磁机构和灭弧装置等部分组成。

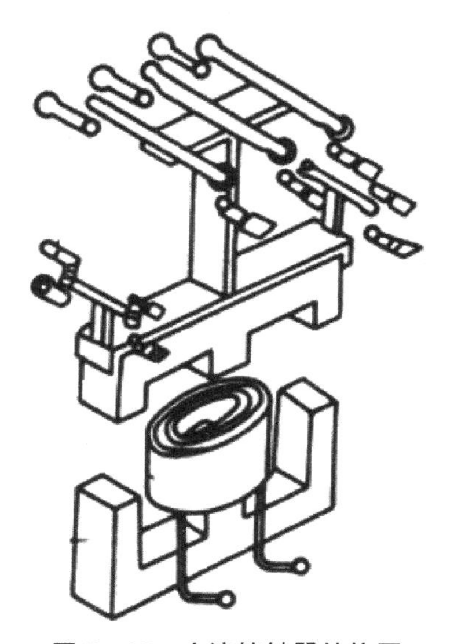

图 7－25　交流接触器结构图

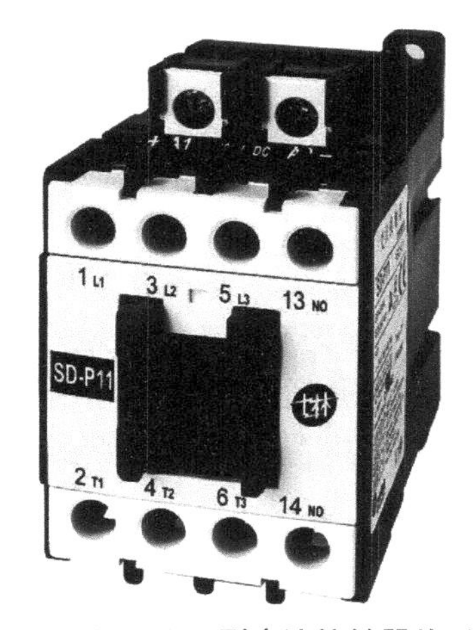

图 7－26　SD－P11 型直流接触器外形实物

直流接触器的结构、工作原理与交流接触器基本相同。

直流接触器的主要特征：

触点系统：主触点一般做成单极或双极、外观为滚动接触形式的指形触点。

电磁机构：铁芯用整块铸铁或铸钢制成，也不需要安装短路环。

灭弧装置：由于直流电弧的特殊性，通常采用磁吹式灭弧装置。

（3）接触器类型的选择。

接触器的类型应根据电路中负载电流的种类来选择。即交流负载应选用交流接触器，直流负载应选用直流接触器。

交流接触器按负荷种类一般分为一类、二类、三类和四类，分别记为 AC1、AC2、AC3 和 AC4。

一类交流接触器对应的控制对象是无感或微感负荷，如白炽灯、电阻炉等；二类交流接触器用于绕线式异步电动机的启动和停止；三类交流接触器的典型用途是鼠笼型异步电动机的运转和运行中分断；四类交流接触器用于鼠笼型异步电动机的启动、反接制动、反转和点动。

1）接触器主触点额定电压选择：被选用的接触器主触点的额定电压应大于或等于负载的额定电压。

$U_{KMN} \geqslant U_{CN}$

U_{KMN}——接触器的额定电压；

U_{CN}——附载的额定线电压。

2）接触器主触点额定电流的选择：对于电动机负载，接触器主触点额定电流按下式计算：

$$I_{KMN} \geqslant I_N = \frac{P_{MN} \times 10^3}{KU_{MN}}$$

I_{KMN}：接触器的额定电流；　　I_N：接触器主触点电流；

P_{MN}：电动机功率；　　U_{MN}：电动机额定线电压；

K：经验常数，$K = 1 \sim 1.4$。

3）接触器的选择：接触器的线圈电压，一般应低一些为好；接触器额定电流大于负荷额定电流即可；对重任务型电动机，为了保证其控制接触器的电寿命，可使接触器降容使用；对特重任务型电动机，接触器大致可按其电寿命及启动电流选用；用接触器对变压器进行控制时，应考虑浪涌电流的大小。对于电热设备，直接按负荷额定电流选取。接触器额定电流是指接触器在长期工作下的最大允许电流，持续时间小于等于 8 h，且安装于敞开的控制板上，如果冷却条件较差，选用接触器时，接触器的额定电流按负荷额定电流的 110%～120%选取。

4）接触器的基本维护环节。

安装前的检查、日常维护、运行维护、并举维护、重点监控维护。

8．中间继电器

中间继电器（图 7-27）在结构上是一个电压继电器，但它的触点数多、触点容量大（额定电流 5～10 A），是用来转换控制信号的中间元件。

JZ7 系列

3TH82 系列

塑壳带底座

图 7-27　中间继电器

中间继电器的输入是线圈的通电或断电信号，输出信号形式为触点的动作。

中间继电器主要用途是当其他继电器的触点数或触点容量不够时，可借助中间继电器来扩大它们的触点数或触点容量。

中间继电器的符号，如图 7－28 所示。

图 7－28　中间继电器符号

继电器的检验与测量步骤如下。

测触点电阻：用万能表的电阻挡，测量常闭触点与动点电阻，其阻值应为 0；而常开触点与动点的阻值就为无穷大。由此可以区别出那个是常闭触点，那个是常开触点。

测线圈电阻：可用万能表“Ω”挡测量继电器线圈的阻值，从而判断该线圈是否存在着开路现象。

测量吸合电压和吸合电流：准备好可调稳压电源和电流表，给继电器输入一组电压，同时，在供电回路中串入电流表进行监测。然后慢慢调高电源电压，听到继电器吸合的声音时，记下该吸合电压的数值和吸合电流的数值。为求准确，可以多试几次而求平均值。

测量释放电压和释放电流：如同测量吸合电压和吸合电流那样连接测量，当继电器吸合后，再逐渐降低供电电压。当听到继电器再次发生释放声音时，记录下此时的电压和电流，应多次测量而取得平均的释放电压和释放电流值。一般情况下，继电器的释放电压约在吸合电压的 10%～50%，如果释放电压太小(小于 1/10 的吸合电压)，就不能正常使用了，这样的继电器由于其工作不可靠，会对电路的稳定性造成威胁。

9. 热继电器

热继电器(图 7－29)是一种具有过载保护特性的过电流型继电器。

JR36 系列

3UA59401J 系列

3UA5040－1K 系列

图 7－29　热继电器

热继电器是由流入热元件的电流产生热量，使有不同膨胀系数的双金属片发生形变，当形变达到一定距离时，就推动连杆动作，使控制电路断开，从而使接触器失电，主电路断开，实现电动机的过载保护。继电器作为电动机的过载保护元件，以其体积小，结构简单、成本低等优点在生产中得到了广泛应用。

热继电器的符号如图 7－30 所示。

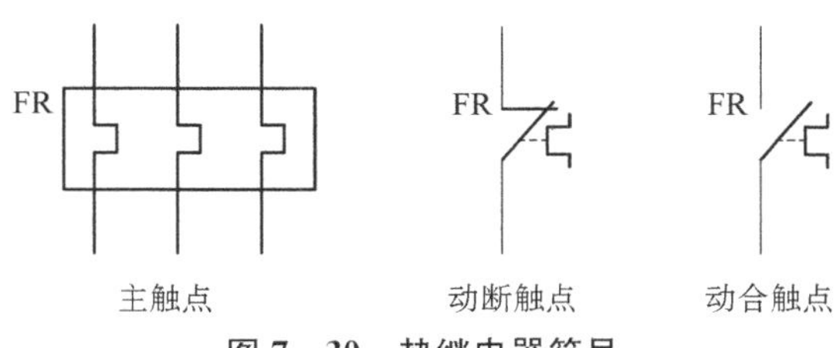

图7－30 热继电器符号

断相保护型热继电器是在热继电器的结构基础上增加了断相保护装置的一种保护型热继电器。在三相交流电动机的工作电路中，若三相中有一相断线而出现过载电流，会因为断线那一相的双金属片不弯曲而使热继电器不能及时动作，有时甚至不动作，故不能起到保护作用。这时就需要使用带断相保护的热继电器。热继电器的基本结构示意如图7－31所示。

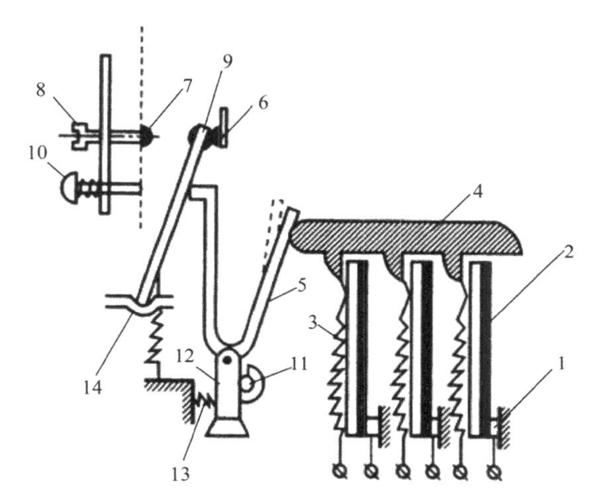

1—双金属片固定件；2—双金属片；3—热元件；4—补偿双金属片；6、7、9—触点；
8—复位调节螺钉；10—复位按钮；11—调节旋钮；12—支撑件；13—弹簧；14—快速分段装置。
图7－31 热继电器的基本结构示意图

热继电器接入方式：

三相交流电动机的过载保护大多数采用三相式热继电器，由于热继电器有带断相保护和不带断相保护两种，根据电动机绕组的接法，这两种类型的热继电器接入电动机定子电路的方式也不尽相同，三种不同的接入方式如图7－32所示。

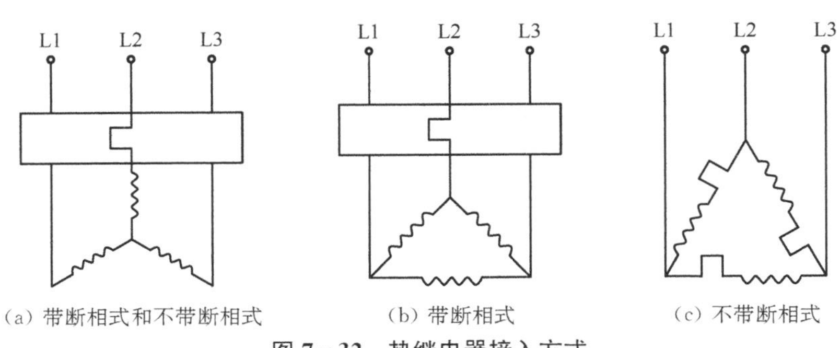

(a) 带断相式和不带断相式 (b) 带断相式 (c) 不带断相式
图7－32 热继电器接入方式

热继电器的选用与维护：

① 对星形接法的电动机及电源对称性较好时可选用两相或三相结构的热继电器；三角形接法的电动机应选用带断相保护装置的三相结构热继电器。

② 原则上热继电器的额定电流应按电动机的额定电流来选择。但对于过载能力较差的电动机，其配用的热继电器（主要是发热元件）的额定电流应适当小些，一般选取热继电器的额定电流（实际上是选取发热元件的额定电流）为电动机额定电流的 60%～80%。

③ 对于工作时间较短、间歇时间较长的电动机，以及虽然长期工作但发生过载现象的可能性很小的电动机，可以不设过载保护。

④ 双金属片式热继电器一般用于轻载、不频繁启动电动机的过载保护。对于重载、频繁启动的电动机，则可用过电流继电器（延时动作型的）作它的过载保护和短路保护。因为热元件受热变形需要时间，故热继电器不能作短路保护用。

在安装和使用保护型热继电器的过程中，必须按照产品说明书规定的方式安装。当与其他电器安装在一起时，应将热继电器安装在其他电器的下方，以免其动作受其他电器发热的影响。

使用中应定期除去尘埃和污垢。若双金属片出现锈斑，可用棉布蘸上汽油轻轻揩拭，禁用砂纸打磨。另外，当主电路发生短路后，应检查发热元件和双金属片是否已经发生永久性变形。在做调整时，绝不允许弯折双金属片。

10. 时间继电器

在电气控制控制系统中，不仅需要动作迅速的继电器，而且需要当吸引线圈通电或断电以后其触点经过一定时间延时后再动作的继电器，这种继电器称为时间继电器。

时间继电器按其动作原理与构造不同，可分为直流电磁式、空气阻尼式和电子式等。

(1) 直流电磁式时间继电器。

直流电磁式时间继电器一般在直流电气控制电路中应用较广，其表现形式只能实现直流断电延时动作。

其结构是在 U 形静铁芯的另一柱上装上阻尼铜套，即构成直流电磁式时间继电器，如图 7－33 所示。

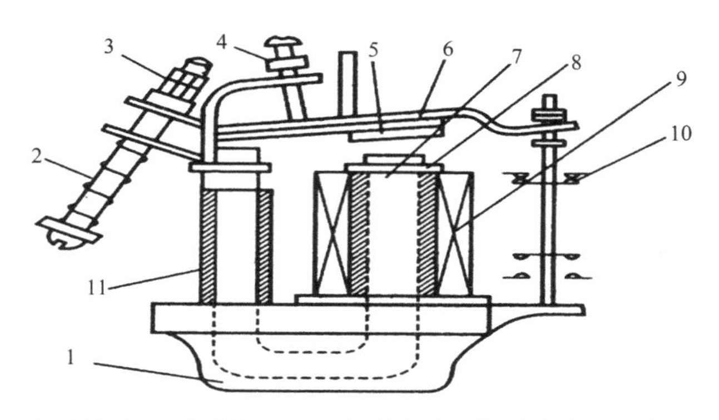

1—底座；2—反力弹簧；3、4—调整螺钉；5—非磁性垫片；6—衔铁；
7—铁芯；8—极靴；9—电磁线圈；10—触点系统；11—阻尼铜套。

图 7－33 电磁式时间继电器典型结构

加入阻尼铜套⑪后，在正常工作中感应电流与U形静铁芯亦产生磁场。该磁场在断电后将阻碍原主磁场的快速减弱过程，从而达到“延时”的目的。

(2) 空气阻尼式时间继电器。

此处暂不展开叙述。

(3) 电子式时间继电器。

电子式时间继电器又称为半导体时间继电器。按其构成可分为晶体管式时间继电器和数字式时间继电器。

电子式时间继电器多用于电力传动、自动顺序控制及各种过程控制系统中，并以其延时范围宽、精度高、体积小、工作可靠的优势逐步取代传统的电磁式、空气阻尼式等时间继电器。

晶体管式时间继电器是以RC电路电容器充电时，电容器上的电压逐步上升的原理为延时基础的时间继电器。晶体管式时间继电器可分为单结晶体管电路式时间继电器和场效应管电路式时间继电器两大类。大致分为断电延时、通电延时和带瞬动触点延时三种形式。

时间继电器图形与文字符号，如图7-34所示。

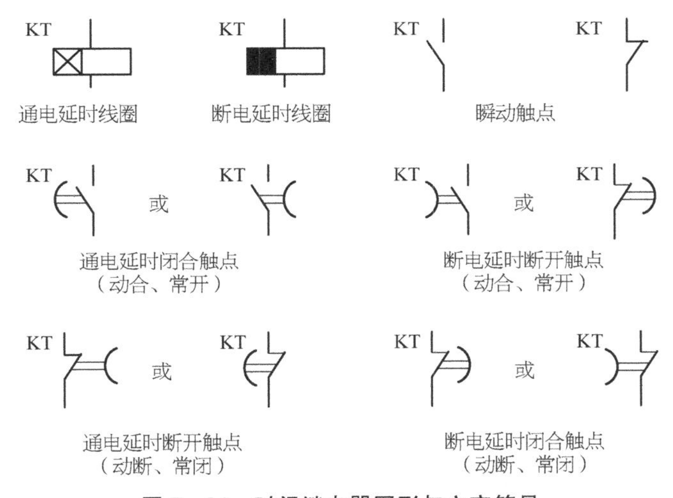

图7-34　时间继电器图形与文字符号

11. 接线端子排

接线端子排(图7-35)就是用于实现电气连接的一种配件产品，工业上划分为连接器的范畴。随着工业自动化程度越来越高和工业控制要求越来越严格、精确，接线端子排的用量逐渐上涨。接线端子排是一段封在绝缘塑料里面的金属片，两端都有孔可以插入导线，有螺丝用于紧固或者松开。比如两根导线，有时需要连接，有时又需要断开，这时就可以用端子把它们连接起来，并且可以随时断开，而不必把它们焊接起来或者缠绕在一起，非常方便快捷，适合大量的导线互连。在电力行业就有专门的端子排、端子箱，端子排有单层、双层、电流、电压、普通、可断等等之分。端子排还要具有一定的压接面积，这是为了保证可靠接触，以及能通过足够的电流。

图 7-35 接线端子排

技能训练

一、训练要求

(1) 拆装:按步骤正确拆装,工具使用正确。

(2) 装配:检查部件完好后,组装质量达到要求。

(3) 通电调试,要求交流接触器的触点吸合、释放应灵活无噪声。

(4) 技能考核时间:30 min。

二、训练内容

(1) 按规定拆解交流接触器,仔细保留好各个零部件和螺钉。

(2) 检查各零部件性能,按要求进行交流接触器装配。

(3) 交流接触器的调试。

三、训练使用的设备、工具、材料

(1) 电工常用工具、万用表。

(2) 交流接触器(型号:3TB4022)。

(3) 导线。

四、训练步骤

(1) 打开防护罩,操作方法如图 7-36 所示。3TB4022 型交流接触器防护罩为塑料制品。拆卸时两边塑料卡扣应交替均匀地松开,避免单边断裂。

(2) 使用旋具旋下两边紧固导线螺钉与压板,操作方法如图 7-37 所示。

(3) 辅助静触点拆卸,操作方法如图 7-38 所示。拆卸辅助静触点时,使用合适的旋具将静触点脱离接触器。常开(常闭)辅助静触点实物外形如图 7-39 所示。

(4) 取出主触点防护罩,操作方法如图 7-40 所示。拆卸主触点防护罩后可以将主静触点[主(静)触点实物外形如图 7-41 所示]拆下,具体拆卸方法可参照辅助静触点拆卸方法。

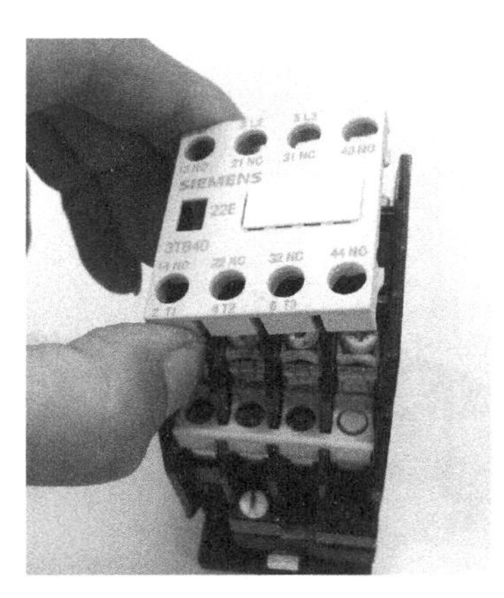

图 7－36　打开防护罩

图 7－37　使用螺丝刀旋下两边紧固导线螺钉

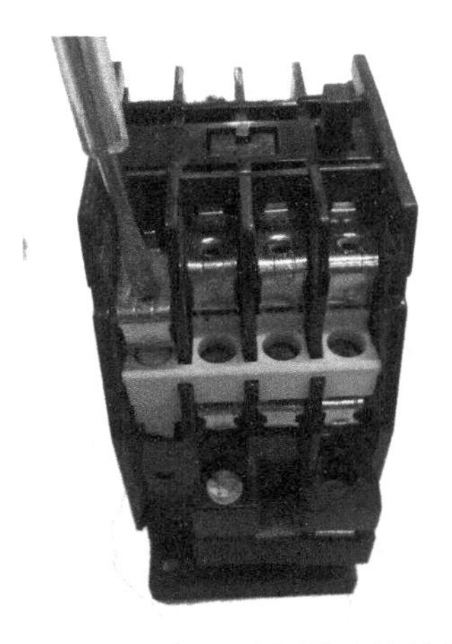

图 7－38　拆卸接触器辅助静触点

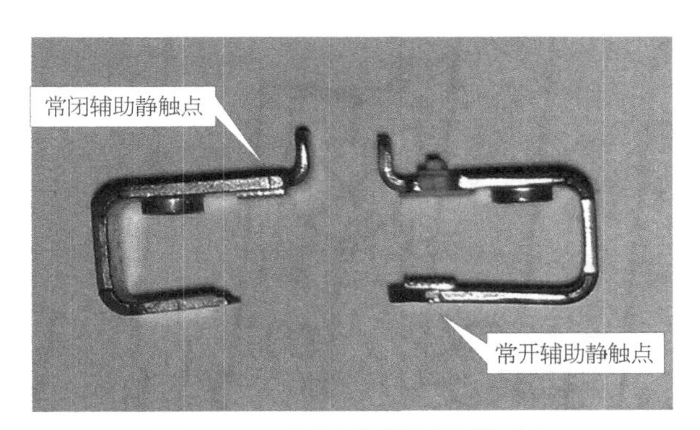

图 7－39　常开(常闭)辅助静触点

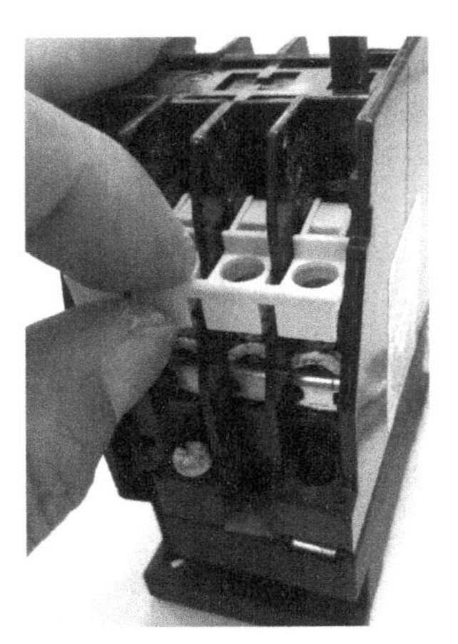

图 7－40　主触点防护罩拆卸

图 7－41　主(静)触点

(5) 用旋具旋松接触器侧面底上的紧固螺栓，操作方法如图 7-42 所示。

(6) 拆卸后的动触点部分如图 7-43 所示。动触点(图 7-44)的拆卸可用尖嘴钳拔出。

图 7-42　旋具旋松紧固螺栓　　图 7-43　接触器动触点部分　　图 7-44　动触点实物外形

(7) 取出线圈，操作方法如图 7-45 所示。

(8) 静铁芯部件如图 7-46 所示。

图 7-45　取出线圈

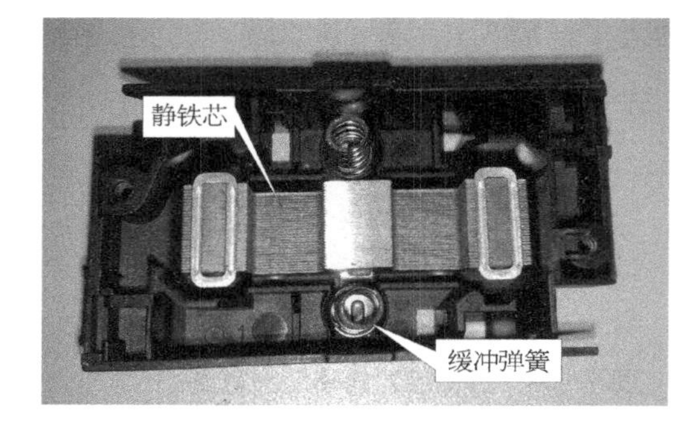

图 7-46　静铁芯部件

(9) 检查拆卸后部件完好后并将交流接触器安装好，按拆卸的逆顺序装配接触器。

(10) 已装配好的接触器，应进行多次通断试验，并检查主、辅触点的接触电阻。

五、接触器常见故障检修方法与步骤

通常情况下交流接触器损坏到以下程度应予以更换：交流接触器的三相主触点(动、静触点)烧损面积在 25%以上，烧损深度在 1 mm 以上；接触器线圈烧毁，主触点的接线端子严重烧伤；主触点的传动机构断裂或变形，受阻卡壳而使触点不能闭合。

(1) 接触器不释放或释放缓慢的检修方法与步骤如下：

1) 检查触头是否已熔焊相连，更换触头。

2) 铁芯极面有油污或尘埃粘着，清理极面。

3) 反力弹簧损坏无反作用力，更换反力弹簧。

(2) 接触器吸不上或吸力不足的检修方法与步骤如下：

1) 检查电源电压是否过低或线圈额定电压与电源电压不符，调整电源电压。

2）检查接触器线圈是否断路或烧毁，更换线圈。

3）检查接触器机械可动部分是否被卡住，重新拆装消除卡住部分，修理受损零件。

（3）接触器通电后电磁噪声大的检修方法与步骤如下：

1）铁芯极面生锈或有异物嵌入，除锈及取出异物。

2）铁芯短路环断裂，更换铁芯。

技能考核

（1）完成交流接触器的拆装、检修，根据交流接触器线圈规定电压通电调试。

（2）接触器常见故障（故障现象由指导教师任选一个）分析，写出检修方法与步骤。

1）接触器不释放或释放缓慢。

2）接触器吸不上或吸力不足。

3）接触器通电后电磁噪声大。

4）接触器电磁铁噪声过大。

课题 8 常用电子元件的识别与检测

实训目的

(1) 掌握常用电子元件工作原理、符号。
(2) 掌握常用电子元件参数选择。
(3) 完成常用电子元件性能检测。

任务分析

能正确识别各种电子元件,正确判断出使用场合,能利用仪器、仪表快速对元件性能进行判断。

基础知识

一、电阻器

我们日常生活中的许多电子电路中都有电阻,只是有的非常大,有的很小。这里我们说的电阻是电子元件中的电阻器,只是人们常把电阻器简称为电阻。电阻器几乎是任何一个电子线路中不可缺少的元件。顾名思义,电阻器的作用是阻碍电子的作用,在电路中主要的作用是:缓冲、负载、分压分流、保护等作用。

衡量电阻器的两个最基本的参数是阻值和功率。阻值用来表示电阻器对电流阻碍作用的大小,单位用欧(Ω)表示,除基本单位外,还有千欧(kΩ)和兆欧(MΩ)。功率用来表示电阻器所能承受的最大电流,用瓦(W)表示,超过这一最大值,电阻器就会烧坏。

1. 电阻器的分类

根据电阻器的制作材料不同,有水泥电阻器(制作成本低、功率大、热噪声大、阻值不够精确、工作不稳定)、碳膜电阻器、金属膜电阻器(体积小、工作稳定、噪声小、精度高)及金属氧化膜电阻器等;根据其阻值是否可变可分为微调电阻器、可变电阻器等。

2. 电阻器的符号

电阻器的符号如图 8-1 所示。

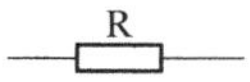

R

图 8-1 电阻器符号

3. 电阻器的主要参数

(1) 标称阻值:标称在电阻器上的电阻称为标称阻值,单位为 Ω、kΩ、MΩ。标称阻值是根据国家制定的标准系列标注的,不是生产者任意标定的,即不是所有阻值的电阻器都存在。

(2) 允许误差:电阻器的实际阻值对于标称阻值的最大允许偏差范围称为允许误差,误差代码有 F、G、J、K 等。

(3) 额定功率:指在规定的环境温度下,假设周围空气不流通,在长期连续工作而不损坏或基本不改变电阻器性能的情况下,电阻器上允许的消耗功率,常见的有 1/16 W、1/8 W、1/4 W、1/2 W、1 W、2 W、5 W、10 W。

4. 阻值和误差的标注

(1) 直标法:将电阻器的主要参数和技术性能用数字或字母直接标注在电阻器上。

例:5.1 kΩ　5%　5.1 kΩ　J。

(2) 文字符号法:将文字、数字两者有规律组合起来表示电阻器的主要参数。

例:0.1 Ω=Ω1=0R1，3.3 Ω=3 Ω3=3R3。

(3) 色标法:用不同颜色的色环来表示电阻器的阻值及误差等级。普通电阻器一般用 4 环表示(图 8-2),精密电阻器用 5 环表示(图 8-3)。

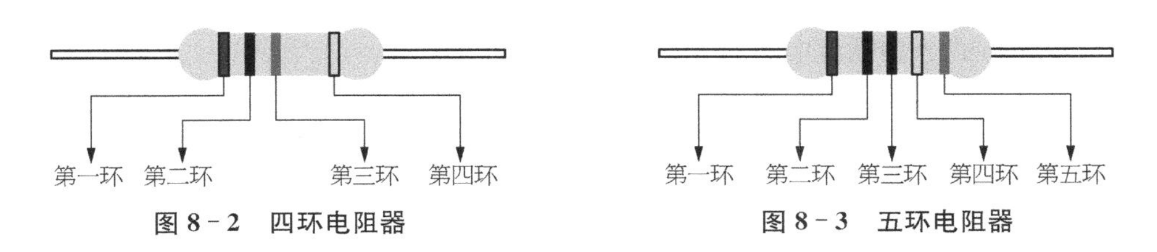

图 8-2　四环电阻器　　**图 8-3　五环电阻器**

色环电阻器的最后一圈代表误差,对于四环电阻器,前两环代表有效值,第三环代表需乘上的数。读数方法:面对一个四环电阻器,找出金色或银色的一端,并将它朝下,从上开始读色环。例如第一环是棕色的(1),第二环是黑色的(0),第三环是红色的(×100),第四环是金色的(±5%),它的阻值是(10×100±5%)Ω,所以它的实际阻值是 1 000 Ω,即 1 kΩ。

因四环电阻器表示误差的色环只有金色或银色,故色环中的金色或银色环一定是第四环。五环电阻器的读数方法类似。

从阻值范围判断:因为一般电阻范围是 0~10 MΩ,如果我们读出的阻值超过这个范围,可能是第一环选错了。从误差环的颜色判断:表示误差的色环颜色有银、金、紫、蓝、绿、红、棕。如果靠近电阻器端头的色环不是误差颜色,则可确定为第一环。色环颜色所代表的数字或意义见表 8-1。

表 8-1　色环对照表

色别	第一环 为第一位数字	第二环为 第二位数字	第三环为 应乘的数	第四环为 误差
棕	1	1	10	±1%
红	2	2	100	±2%
橙	3	3	1 000	
黄	4	4	10 000	
绿	5	5	100 000	±0.5%
蓝	6	6	1 000 000	±0.25%
紫	7	7	10 000 000	±0.1%
灰	8	8	100 000 000	+20%~+50%
白	9	9	1 000 000 000	
黑	0	0	1	
金			0.1	±5%
银			0.01	±10%
无色				±20%

(4) 贴片电阻器标注方法：前两位表示有效数，第三位表示有效值后加零的个数。

例：471＝470 Ω　105＝1 M 2R2＝2.2 Ω。

5. 电阻器的分类

(1) 按阻值可否调节分为固定电阻器、可变电阻器两大类。固定电阻器是指电阻不能调节的电阻器；可变电阻器是指阻值在某个范围内可调节的电阻器。

(2) 按制造材料分为碳膜电阻器、金属膜电阻器、线绕电阻器等。

(3) 按安装方式分为插件电阻器、贴片电阻器。

(4) 按用途分为通用型电阻器、高阻型电阻器、高压型电阻器、高频无感型电阻器等。

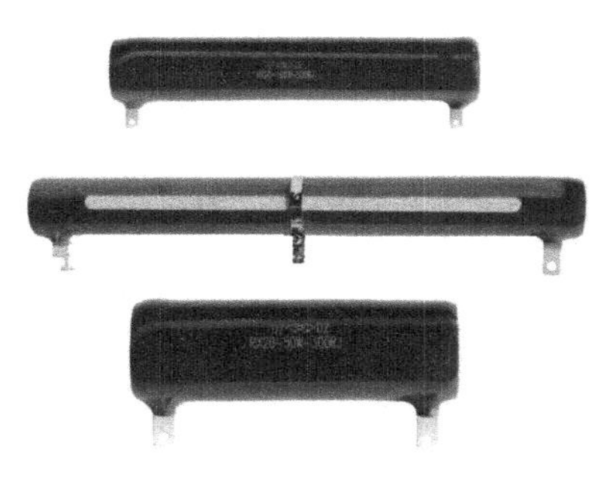

图 8－4　线绕电阻器

6. 常用电阻器的种类

(1) 线绕电阻器(图 8－4)是将电阻线绕在耐热瓷体上，表面涂以耐热、耐湿、无腐蚀的不燃性涂料而制成。其特点是耐热性优、温度系数小、质量小、耐短时间过载、低噪声、阻值经年变化小、功率大。缺点是有电感，体积大，不宜作为阻值较大的电阻器。

(2) 碳膜电阻器(图 8－5)是气态碳氢化合物在高温和真空中分解，碳沉积在瓷棒或者瓷管上，形成一层结晶碳膜而制成。改变碳膜厚度和用刻槽的方法变更碳膜的长度，可以得到不同的阻值。碳膜电阻器成本较低，性能一般。

(3) 金属膜电阻器(图 8－6)是在真空中加热合金使其蒸发，在瓷棒表面形成一层导电金属膜而制成。刻槽和改变金属膜厚度可以控制阻值。这种电阻器和碳膜电阻器相比，体积小、噪声低、稳定性好，但成本较高。

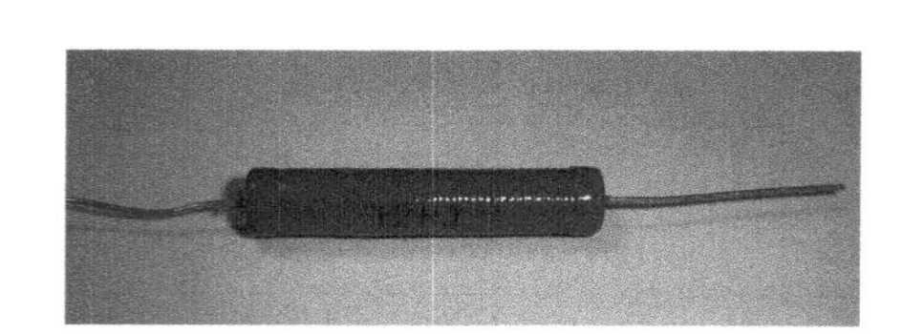

图 8－5　碳膜电阻器

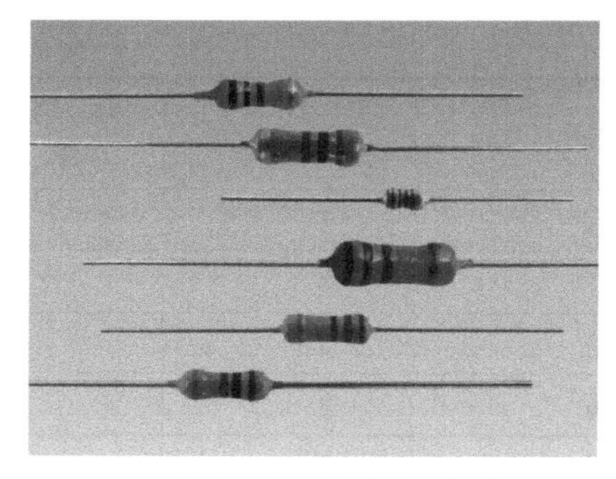

图 8－6　金属膜电阻器

(4) 碳质电阻器是把碳黑、树脂、黏土等混合物压制后经过热处理制成。电阻器上用色环表示它的阻值。这种电阻器成本低，阻值范围宽，但性能差，很少采用。

(5) 水泥电阻器(图 8－7)是把电阻体放入方形瓷器框内，用特殊不燃性耐热水泥充填密封而成。具有耐高功率、散热容易、稳定性高、功率大等特点。缺点是有电感，体积大，不宜作阻值较大的电阻器。

图 8－7　水泥电阻器

(6) 压敏电阻器(图 8－8)只标注其额定电压，并没有将阻值标注出来。

(7) 热敏电阻器(图 8-9)是一种阻值对温度极为敏感的一种电阻器，也称为半导体热敏电阻器，实物外形如图 8-9 所示，它可由单晶、多晶及玻璃、塑料等半导体材料制成。

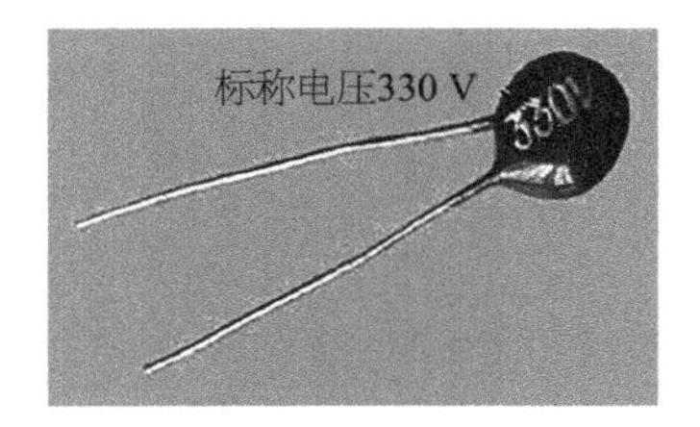

图 8-8　压敏电阻器

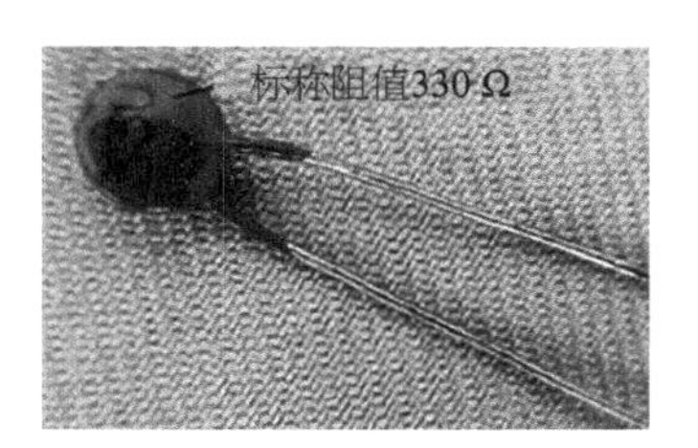

图 8-9　热敏电阻器

(8) 光敏电阻器(图 8-10)是利用半导体的光电效应制成的一种阻值随入射光的强弱而改变的电阻器。入射光强，电阻减小；入射光弱，电阻增大。光敏电阻器一般用于光的测量、光的控制和光电转换(将光的变化转换为电的变化)。如果把光敏电阻器的两个引脚接在万用表的表笔上，用万用表的电阻挡测量在不同的光照下光敏电阻器的阻值，将光敏电阻器从较暗的环境里移到阳光或灯光下，万用表读数将会发生变化。在完全黑暗处，光敏电阻器的阻值可达几兆欧以上(万用表显示电阻为无穷大)，而在较强光线下，阻值可降到几 kΩ 甚至 1 kΩ 以下。

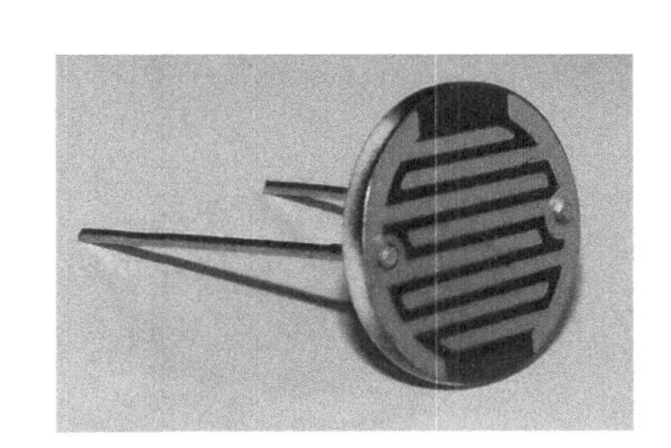

图 8-10　光敏电阻器

(9) 可变电阻器

可变电阻器又称为电位器，实物外形如图 8-11 所示。可变电阻器有三个引脚，其中两个引脚之间的阻值固定，并将该阻值称为这个可变电阻器的阻值。第三个引脚与任两个引脚间的阻值可以随着轴臂的旋转而改变，这样就可以调节电路中的电压或电流。

图 8-11　可变电阻器

检查可变电阻器时，首先要转动旋柄，看看旋柄转动是否平滑，开关是否灵活，开关通、断时“咔哒”声是否清脆，并听一听可变电阻器内部接触点和电阻体摩擦的声音，如有“沙沙”声，说明质量不好。用万用表测试时，先根据被测可变电阻器阻值的大小，选择万用表的合适电阻挡位，然后可按下述方法进行检测：

1) 用万用表的欧姆挡测可变电阻器外侧两端，其读数应为可变电阻器的标称阻值，如万用表的指针不动或阻值相差很多，则表明该电阻器已损坏。

2) 检测可变电阻器的活动臂与电阻片的接触是否良好。用万用表的欧姆挡测电阻器两端，将电阻器的转轴按逆时针方向旋至接近“关”的位置，这时阻值越小越好。再顺时针慢慢旋转轴柄，阻值应逐渐增大，表头中的指针应平稳移动。当轴柄旋至极端位置时，阻值应接近电阻器的标称值。如万用表的读数在电阻器的轴柄转动过程中有跳动现象，则说明活动触点有接触不良的情况。

二、电容器

电容器由两个金属电极中间夹一层绝缘介质构成。当在两极间加上电压时，电容器就会储存的电荷。电容器是一种储能元件，电容(电容器容量)是电容器储存电荷多少的一个量值。

在电路中电容器有调谐、滤波、耦合、隔直、交流旁路和能量转换的作用。

1. 电容器的分类

(1) 按介质:可分为空气介质、纸质、有机薄膜、瓷介质、云母、电解电容器等。

(2) 按结构:可分为固定电容器、半可变电容器、可变电容器。

(3) 按安装方式:可分为插件电容器、贴片电容器。

2. 电容器符号

电容器符号如图 8-12 所示。

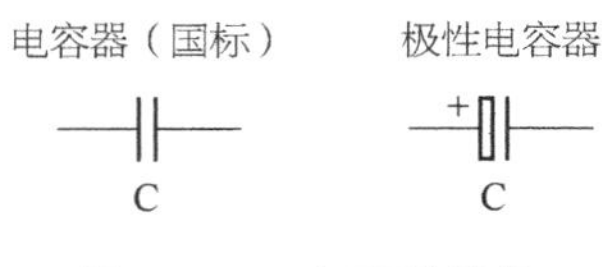

图 8-12 电容器符号

3. 电容器的主要参数

(1) 标称容量:标称在电容器上的容量称为标称容量,单位为法拉(F)。常用单位:微法(μF)、纳法(nF)、皮法(pF)。

$$1\,\mathrm{F}=1\,000\,000\,\mu\mathrm{F}$$
$$1\,\mu\mathrm{F}=1\,000\,\mathrm{nF}=1\,000\,000\,\mathrm{pF}$$

(2) 允许误差:电容器的实际容量相对于标称值的最大允许偏差范围称为允许误差。

(3) 额定电压:指电容器在规定的工作温度范围内,长期可靠工作所能承受的最高电压。常用的固定电容器工作电压有 6.3 V、10 V、16 V、25 V、50 V、63 V、100 V、250 V、400 V、500 V、630 V、1 000 V。

(4) 绝缘电阻:指电容器两极之间的电阻,又称漏电电阻。理想电容器的绝缘电阻为无穷大,实际达不到无穷大。电容器绝缘电阻越大,表明质量越好。

4. 电容器容量和误差的标注方法

(1) 直标法:指在电容器的表面直接用数字或字母标注出标称容量、额定电压、环境温度等参数。

(2) 数字和文字标注:用 2~4 位数字和一个字母混合后表示电容器的容量大小。数字表示有效数值,字母表示数量级。常用字母为 m、μ、n、p 等。

(3) 三位数字表示法:前两位为有效数字,第三位为倍乘数(即表示有效值后有多少个 0),单位为皮法(pF),如"102"中的"10"表示其容量的有效数值为"10",后面的"2"表示"10"后面加 2 个零,即 1 000 pF。在这种表示法中有一个特殊情况,就是当第三位数字用"9"表示时,是用有效数字乘 0.1,如"509",这里的"9"是指"×0.1",509 即 50×0.1,即 5 pF。

(4) 四位数字表示法:用 1~4 位数字表示电容器容量,单位为 pF。如用零点几表示容量时,单位为 μF。

例如:3 300=3 300 pF, 0.056=0.056 μF。

(5) 色标法:同电阻器标法。

5. 电容误差代码及额定电压代码

电容误差代码及额定电压代码见表 8-2。

表8-2　电容误差代码及额定电压代码

误差范围		额定电压			
记号	误差范围/%	记号	电压/V	记号	电压/V
B	±0.1	0G	4	2Q	110
C	±0.25	0L	5.5	2B	125
D	±0.5	0J	6.3	2C	160
F	±1.0	1A	10	2Z	180
G	±2	1C	16	2P	200
H	±50	1E	25	2E	220
J	±5.0	1V	35	2F	250
K	±10	1H	50	2V	315
L	±15	1J	63	2G	350
M	±20	1K	80	W6	400
N	±30	2A	100	2W	420
Q	−20～+30			2H	450
T	−20～+50			2L	550
Z	−20～+80				

6. 常用电容器的种类

(1) 纸介电容器。

纸介电容器用两片金属箔做电极，夹在极薄的电容纸中，卷成圆柱形或者扁柱形芯子，然后密封在金属壳或者绝缘材料(如火漆、陶瓷、玻璃釉等)壳中制成。它的特点是体积较小，容量可以做得较大，但是固有电感和损耗都比较大，用于低频比较合适。

(2) 金属化纸介电容器。

金属化纸介电容器结构和纸介电容器基本相同。它是在电容器纸上覆上一层金属膜来代替金属箔，体积小，容量较大，一般用在低频电路中。

(3) 油浸纸介电容器。

油浸纸介电容器是把纸介电容器浸在经过特别处理的油里后，增强了耐压性的电容器。它的特点是容量大、耐压高，但是体积较大。

(4) 陶瓷电容器。

陶瓷电容器是用陶瓷做介质，在陶瓷基体两面喷涂银层，然后烧成银质薄膜做极板制成。其特点是体积小，耐热性好、损耗小、绝缘电阻高，但容量小，适宜用于高频电路。铁电陶瓷电容器容量较大，但是损耗和温度系数较大，适宜用于低频电路。

(5) 薄膜电容器。

薄膜电容器结构和纸介电容器相同，介质是涤纶或者聚苯乙烯。涤纶薄膜电容器介电常数较高，体积小，容量大，稳定性较好，适宜做旁路电容器。

聚苯乙烯薄膜电容器，介质损耗小，绝缘电阻高，但是温度系数大，可用于高频电路。

(6) 云母电容器。

云母电容器是用金属箔或在云母片上喷涂银层做电极板，极板和云母一层一层叠合后，再压铸在胶木粉或封固在环氧树脂中制成。它的特点是介质损耗小，绝缘电阻大、温度系数小，适宜用于高频电路。

(7) 电解电容器。

电解电容器由铝圆筒做负极，里面装有液体电解质，插入一片弯曲的铝带做正极制成，其还需要经过直流电压处理，使正极片上形成一层氧化膜做介质，实物外形如图 8-13 所示。电解电容器特点是容量大，但是漏电大、误差大、稳定性差，常用作交流旁路和滤波，在要求不高时也用于信号耦合。电解电容器有正、负极之分，使用时不能接反。

(8) 可变电容器。

可变电容器用金属钽或铌做正极，用稀硫酸等配液做负极，用钽或铌表面生成的氧化膜做介质制成，实物外形如图 8-14 所示。

图 8-13　电解电容器

图 8-14　可变电容器

可变电容器具有体积小、容量大、性能稳定、寿命长、绝缘电阻大、温度特性好等特点。用在要求较高的设备中。

三、二极管

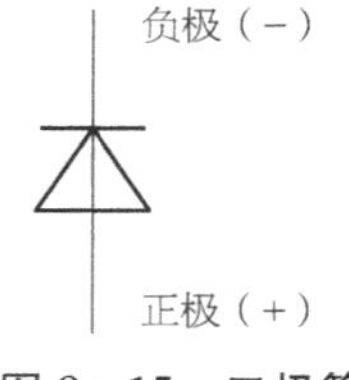

图 8-15　二极管的图形符号

二极管在许多的电路中起着重要的作用，它是诞生最早的半导体器件之一，应用非常广泛。二极管最重要的特性就是单方导电性。在电路中，电流只能从二极管的正极流入，负极流出。二极管的文字符号用 V(或 VD)表示，图形符号如图 8-15 所示。带有三角形箭头的一端是正极(+)，另一端是负极(-)。

1. 伏安特性

二极管在正向电压的作用下，导通电阻很小，而在反向电压作用下导通电阻极大或无穷大，如图 8-16 所示。

2. 二极管的主要参数

(1) 最高工作频率 f_M(Hz)。

f_M 是二极管能承受的最高频率。通过 PN 结交流电频率若高于此值，则二极管不能正常工作。

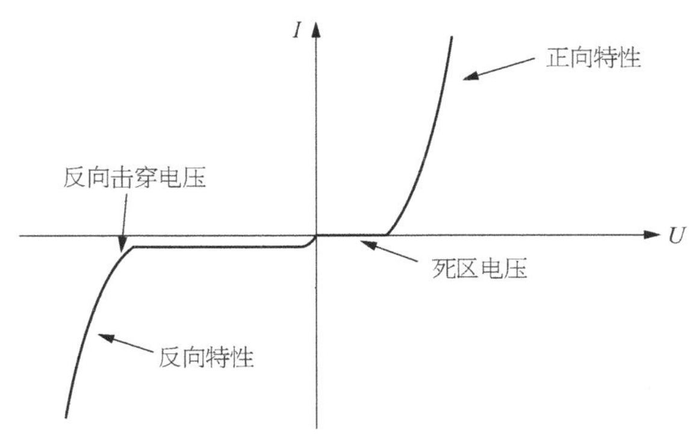

图 8－16 二极管伏安特性

(2) 最高反向工作电压 U_{RM}(V)。

U_{RM} 是二极管长期正常工作时所允许的最高反向工作电压，若越过此值，PN 结就有被击穿的可能。对于交流电来说，最高反向工作电压也就是二极管的最高工作电压。

(3) 最大整流电流 I_{OM}(mA)。

I_{OM} 是二极管能长期正常工作时的最大正向电流。因为电流通过时二极管会发热，如果正向电流越过此值，二极管就有烧坏的危险。所以用二极管整流时，通过二极管的正向电流(即输出直流)不允许超过最大整流电流。

3. 二极管的分类

(1) 按材料分：锗二极管，导通电压 0.2～0.3 V；硅二极管，导通电压 0.6～0.8 V。

导通电压：当正向电压超过某一数值后，二极管导通，正向电流随外加电压增加迅速增大，该电压称为导通电压。

(2) 按结构分：点接触型、面接触型、平面型。

点接触型二极管的结面积小、结电容小、正向电流小，用于检波和变频等高频电路。

面接触型二极管的结面积较大，允许通过较大的电流(几 A 到几十 A)，主要用于把交流电变换成直流电的“整流”电路中。

平面型二极管是一种特制的硅二极管，它不仅能通过较大的电流，而且性能稳定可靠，多用于开关、脉冲及高频电路中。

(3) 按作用分：整流二极管、稳压二极管、开关二极管、发光二极管、光敏二极管等。

(4) 常用二极管工作原理与文字图形符号识别：

1) 整流二极管。

利用二极管单向导电性，可以把方向交替变化的交流电变换成单一方向的脉动直流电。将交流电源整流成为直流电流的二极管叫作整流二极管，它是面结合型的功率器件，因结电容大，故工作频率低。

通常，I_F 在 1 A 以上的二极管采用金属壳封装，以利于散热，实物外形如图 8－17 所示。

I_F 在 1 A 以下的采用全塑料同轴封装，实物外形如图 8－18 所示。同轴封装二极管通常标有极性色环，一般标有色环的一端为阴极，另一端为阳极。由于近代工艺技术不断提高，出现了不少较大功率的整流二极管也采用塑封形式。

图 8－17 金属壳封装的整流二极管

2）稳压二极管。

稳压二极管是由硅材料制成的面结合型晶体二极管，它是利用 PN 结反向击穿时的电压基本上不随电流的变化而变化的特点，来达到稳压的目的，因为它能在电路中起稳压作用，故称为稳压二极管。稳压二极管的文字符号用 V(或 VD)表示，其图形符号如图 8－19 所示。

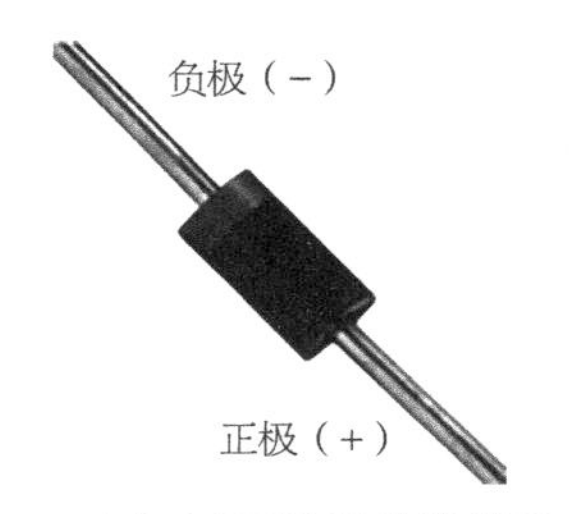

图 8－18　全塑料同轴封装的整流二极管

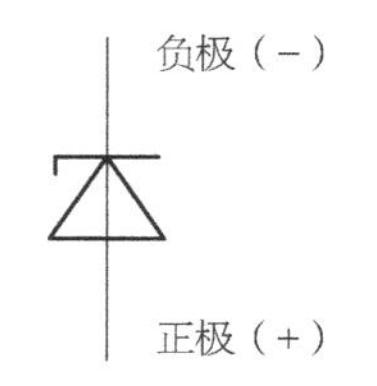

图 8－19　稳压二极管符号

判别正、负电极：观察外壳上的符号标记。通常在同轴封装的稳压二极管的外壳上标有极性色环。一般标有带色环的一端则为负极。另一端则为阳极，实物外形如图 8－20 所示。

3）发光二极管。

发光二极管是一种将电信号转换成光信号的半导体器件，具有单向导电性，正向导通时能发光。发光二极管的文字符号用 V(或 VD)表示，图形符号如图 8－21 所示。

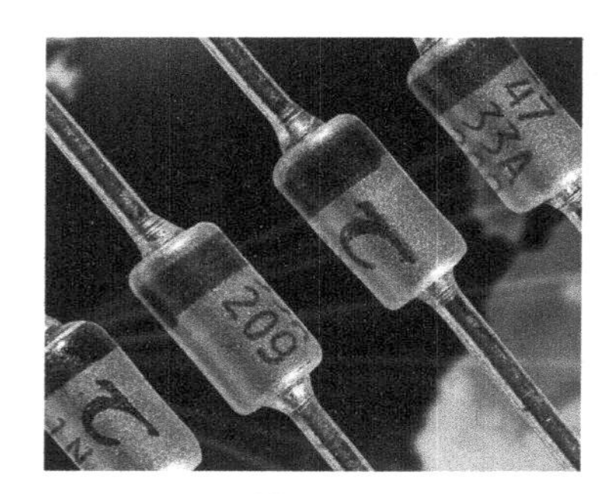

图 8－20　同轴封装的稳压二极管

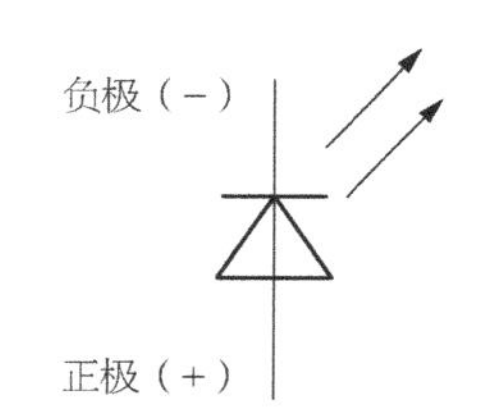

图 8－21　发光二极管符号

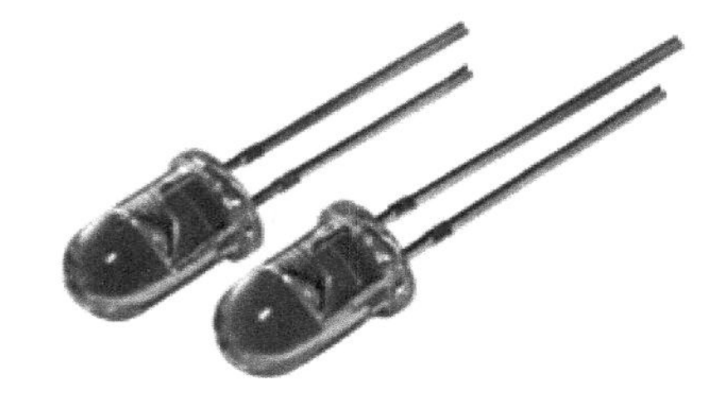

图 8－22　发光二极管

发光二极管按发光颜色可分为红色、白色、绿色（又细分黄绿、标准绿和纯绿）、蓝光等，外形分为多种，实物外形如图 8－22 所示。发光二极管中也包含二种以下颜色的芯片，做成多彩灯。根据发光二极管出光处掺或不掺散射剂、有色还是无色，上述各种颜色的发光二极管还可分成有色透明、无色透明、有色散射和无色散射四种类型。

图 8－23　电源变压器

四、电源变压器

变压器在电子线路中用于降低或升高电源电压及隔离，典型 50 Hz 工频降压小功率电源变压器实物外形如图 8－23 所示。

变压器性能检测：

（1）通过观察变压器的外貌来检查其是否有明显异常现象。如线圈引线是否断裂、脱焊，绝缘材料是否有烧焦痕迹，铁芯紧固螺杆是否有松动，硅钢片有无锈蚀，绕组线圈是否有外露等。

(2) 绝缘性测试。用万用表分别测量铁芯与初级、初级与各次级、铁芯与各次级、静电屏蔽层与初级、次级各绕组间的电阻，万用表指针均应指在无穷大位置不动。否则，说明变压器绝缘性能不良。

(3) 线圈通断的检测。将万用表置于最大欧姆挡，测试中，若某个绕组的电阻为无穷大，则说明此绕组有断路性故障。

(4) 判别初、次级线圈。电源变压器初级引脚和次级引脚一般都是分别从两侧引出的，并且初级绕组多标有 220 V、380 V 字样，次级绕组则标出额定电压值，如 12 V、24 V、50 V 等，再根据这些标记进行识别。

五、三极管

半导体三极管也称双极型晶体管，简称三极管，是一种控制电流的半导体器件。三极管是电子装置中的重要元件，能把微弱信号放大为幅值较大的电信号，也用作无触点开关。它的品质优劣直接关系到系统工作的可靠性和稳定性。

二极管是由一个 PN 结构成的，而三极管由两个 PN 结构成，共用的一个电极为三极管的基极(用字母 B 表示)。其他的两个电极为集电极(用字母 C 表示)和发射极(用字母 E 表示)。由于不同的组合方式，形成了一种是 NPN 型的三极管，另一种是 PNP 型的三极管。三极管的结构如图 8-24 所示。

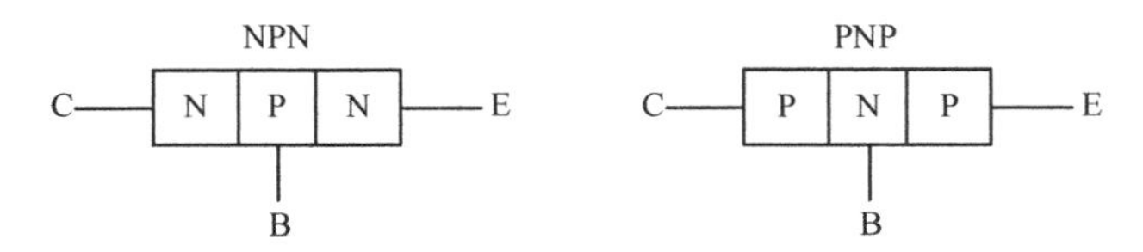

图 8-24　三极管结构示意图

三极管的文字符号用 V 表示，图形符号如图 8-25 所示。三极管的电路符号有两种：有一个箭头的电极是发射极，箭头朝外的是 NPN 型三极管，而箭头朝内的是 PNP 型。箭头所指的方向是电流的方向。

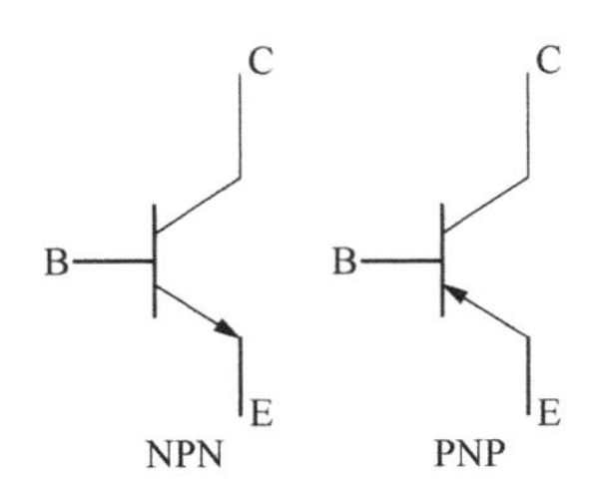

图 8-25　三极管图形符号

1. 三极管的分类

(1) 按材质分：硅管、锗管。

(2) 按结构分：NPN、PNP。

(3) 按功能分：开关管、功率管、达林顿管等。

2. 三极管的主要参数

(1) 特征频率 f_T：当 $f=f_T$ 时，三极管完全失去电流放大功能；如果工作频率大于 f_T，电路将不正常工作。

(2) 工作电压/电流：用此参数可以指定该管的电压电流使用范围。

(3) h_{FE}：电流放大倍数。

(4) U_{CEO}：集电极发射极反向击穿电压，表示临界饱和时的饱和电压。

(5) P_{CM}：最大允许耗散功率。

(6) 封装形式：指定该管的外观形状，如果其他参数都正确，封装不同将导致组件无法在印刷电路板实现正确安装。

图 8-26　三极管

电子电路中常用的三极管有 90 系列，包括低频小功率硅管 9013(NPN)、9012(PNP)，低噪声管 9014(NPN)，高频小功率管 9018(NPN)等。它们的型号一般都标在塑壳上，而样子都一样，都是 TO-92 标准 DIP 双列直插式封装，外形如图 8-26 所示。在老式的电子产品中还能见到 3DG6(低频小功率硅管)、3AX31(低频小功率锗管)、3AD、3DD 系列(大功率管)等，它们的型号也都印在金属的外壳上。

六、保险电阻器

保险电阻器在电路中起着保险丝和电阻器的双重作用，主要应用在电源电路输出和二次电源的输出电路中。它们一般以低阻值(几 Ω 至几十 Ω)，小功率(1/8～1 W)为多，其功能就是在过流时及时熔断，保护电路中的其他元件免遭损坏。在电路负载发生短路故障，出现过流时，保险电阻器的温度在很短的时间内就会升高到 500～600 ℃，这时电阻器层便受热剥落而熔断，起到保险的作用，达到提高整机电路安全性的目的。尽管保险电阻器在电源电路中应用比较广泛，但各国家和厂家在电路图中的符号却各不相同，各公司对保险电阻器在电路图中的符号如图 8-27 所示。

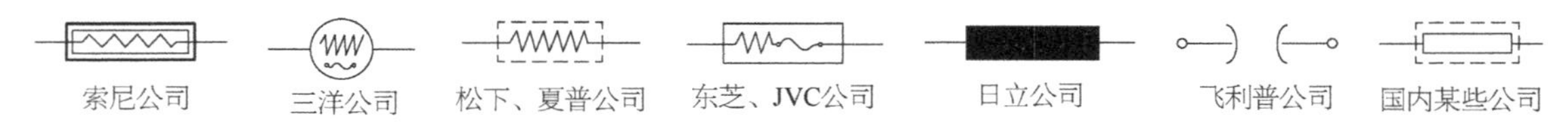

图 8-27　保险电阻器的不同符号

保险电阻器与普通电阻器的符号明显不同，这在电路图中很容易判断。它一般应用于电源电路的电流容量较大或二次电源产生的低压或高压电路中。保险电阻器上面只有一个色环，色环的颜色表示阻值。在电路中保险电阻器是长脚焊接在电路板上的(普通电阻器紧贴电路板焊接)，与电路板距离较远，以便于散热和与普通电阻器区分。

技能训练

一、训练要求

(1) 掌握万用表测试常用电子元器件方法，并能对元件进行刷选。

(2) 技能考核时间：30 min。

二、训练内容

使用万用表测试二极管、电阻器、三极管和电容器，判断好坏。

三、训练使用的设备、工具、材料

(1) 不同规格型号的二极管、电阻器、三极管和电容器。

(2) 万用表。

四、训练步骤

1. 固定电阻器的检测

(1) 根据电阻器上的色环标识或文字标识，便能读出该电阻器的标称阻值。

(2) 将万用表的挡位调整至欧姆挡，根据电阻器的标称阻值，将量程调整到合适位置，操作方法如图 8-28 所示。

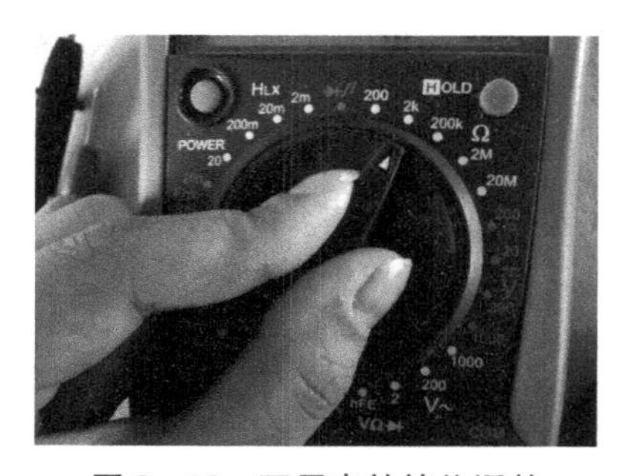

图 8-28　万用表的挡位调整

(3) 指针式万用表使用前必须短接红、黑表笔进行调零校正，操作方法如图 8－29 所示。数字式万用表使用前无需进行零欧姆校正。

(4) 电阻器的引脚是无极性的，将万用表的红、黑表笔分别搭在待测电阻器两端的引脚上，观察万用表的读数变化，并与电阻器自身的标称阻值进行对照，操作方法如图 8－30 所示。如果二者相近(在允许误差范围内)，则表明电阻器正常；如果所测的阻值与标称阻值的差距较大，则说明电阻器不良。

图 8－29　使用指针式万用表欧姆挡前校正

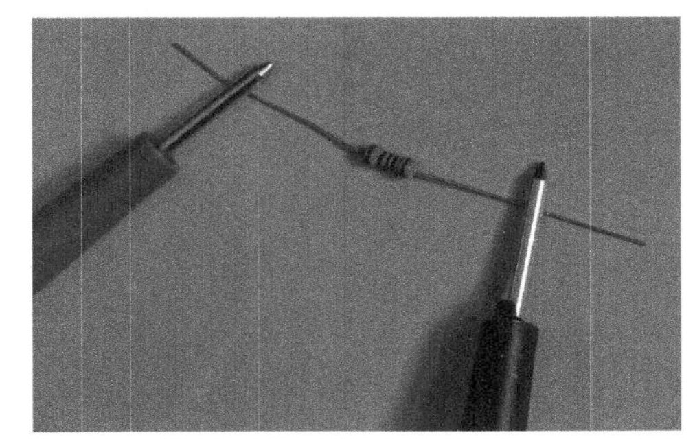

图 8－30　万用表实测电阻

要点提示：

无论是使用指针式万用表还是数字式万用表，在设置量程时要尽量选择与测量值相近的量程，以保证测量值准确。如果设置的量程范围与待测值之间相差过大，则不容易测出准确值，这在测量时要特别注意。

2. 电容器的检测

检测电容器的好坏可用指针式万用表的电阻挡进行，检测时根据电容器容量的大小选择电阻挡位。测量电容器的大致容量可选用数字式万用表，如果需要精确测量电容器的容量，应使用专用电容测试仪。

(1) 使用指针式万用表检测固定电容器的方法如下：

1) 将待测普通固定电容器从电路板上卸下，并去除两端引脚上的污物，以确保测量时的准确性。

2) 将指针式万用表调至欧姆挡，通常对于小于 1 μF 的普通固定电容器可选用“R×10 k”挡。100 μF 以上的电容器可选择“R×100”挡，1～100 μF 的电容器用“R×10”挡，在检测之前，要对待测电容器进行放电，以免电容器中存有残留电荷而影响检测结果。对电容器放电可选用阻值较小的电阻器，将电阻器的引脚与电容器的引脚相连即可。

3) 将红、黑表笔任意搭在电容器两端的引脚上，若在表笔接通的瞬间可以看到指针有一个小的摆动后又回到无穷大处，可以断定该电容器正常；若在表笔接通的瞬间看到指针有一个很大的摆动且不回到无穷大处，可以断定该电容器已击穿或严重漏电；若表盘指针几乎没有摆动，可以断定该电容器已开路。

(2) 使用数字式万用表检测固定电容器的方法如下：

使用数字万用表“二极管”挡检测。将万用表红表笔接负极，黑表笔接正极，在刚接触的瞬间，万用表显示从“1”→数字跳动→“1”。还可以使用数字万用表电容量程挡检测电容器容量。

3. 普通二极管的检测

二极管的极性通常在管壳上有标记，如无标记，可用指针式万用表电阻挡测量其正反向电阻来判断(一般用 R×100 或×1 k 挡)，操作方法如图 8－31 所示。

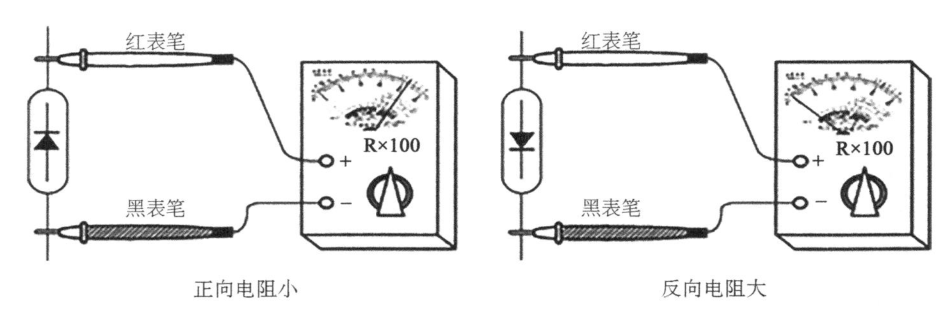

图 8－31　指针式万用表检测普通二极管

使用数字万用表的“二极管”挡检测，操作方法如图 8－32 所示。

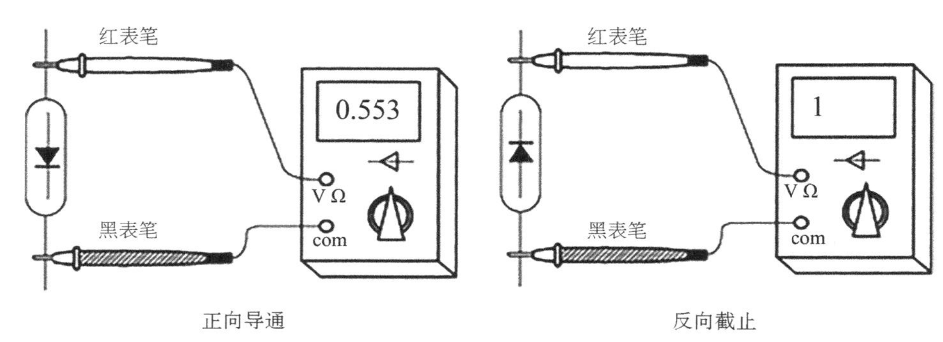

图 8－32　数字万用表检测二极管、稳压管的性能

4. 普通发光二极管的检测

(1) 用指针式万用表检测。

利用具有 R×10 kΩ 挡的指针式万用表可以大致判断发光二极管的好坏。正常时，二极管正向电阻为几十 Ω 至 200 kΩ，反向阻值为∞。如果正向电阻为 0 或为∞，反向电阻很小或为 0，则二极管损坏。这种检测方法，不一定能直接看到发光管的发光情况，因为 R×10 kΩ 挡不能向 LED 提供较大正向电流。

(2) 外接电源测量方法。

用 3 V 稳压源或两节串联的 1.5 V 电池可以较准确测量发光二极管的光、电特性。如果发光则正常，不发光则说明发光二极管已损坏。

5. 中、小功率三极管的检测

(1) 使用指针万用表电阻挡测量其正反向电阻来检测三极管，(一般用 R×100 或 R×1 k 挡)具体方法如下：

1) PNP 型三极管。

① 红表笔接 B 极，黑表笔分别接 E、C 极，万用表指针右偏，阻值应为几百或几千 Ω (导通)。

② 黑表笔接 B 极，红表笔分别接 E、C 极，万用表指针不动(截止)。

③ E、C极正反向截止。

2）NPN型三极管。

① 红表笔接B极，黑表笔分别接E、C极，万用表指针不动（截止）。

② 黑表笔接B极，红表笔分别接E、C极，万用表指针右偏，阻值应几百或几千Ω（导通）。

③ E、C极正反向截止。

3）判别三极管基极B。

判别基极B和管型时可以使用指针万用表置R×1 k挡。先将红表笔接某一假定基极B，黑表笔分别接另两个极，如果电阻均很小（或很大），而将红、黑两笔对换后测得的电阻都很大（或很小），则假定的基极是正确的。

基极确定后，红表笔接基极，黑表笔分别接另两个极时测得的电阻均很小，则此管为PNP型三极管，反之则为NPN型，检测电路如图8-33所示。

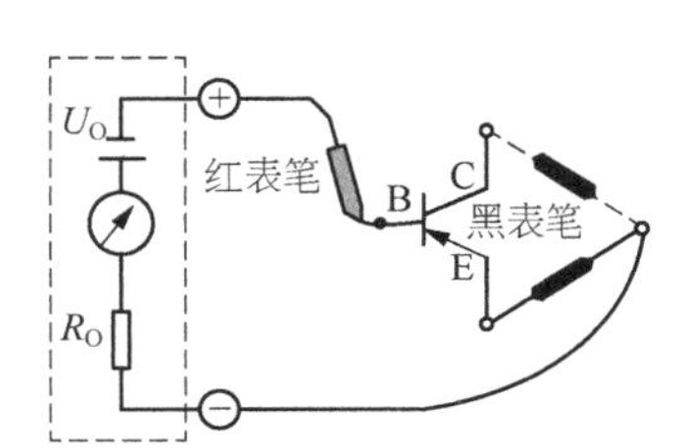

图8-33 判别三极管基极

（2）使用数字万用表"二极管"挡检测其正反向导通电压，具体方法如下：

1）PNP型三极管。

① 黑表笔接B极，红表笔分别接E、C极，万用表数字显示，0.3～0.5 V导通电压值。

② 红表笔接B极，黑表笔分别接E、C极，万用表数字显示1（截止）。

③ E、C极正、反向截止。

2）NPN型三极管。

① 黑表笔接B极，红表笔分别接E、C极，万用表数字显示1（截止）。

② 红表笔接B极，黑表笔分别接E、C极，万用表数字显示，0.5～0.7 V导通电压值。

③ E、C极正、反向截止。

3）判断三极管基极B。

判别基极B和管型时数字万用表置"二极管"挡，先将红表笔接某一假定基极B，黑表笔分别接另两个极，如果呈现导通电压，而将红、黑两笔对换后测得的数值出现截止，则此管为NPN型三极管，反之为PNP型。

技能考核

1）判断二极管的好坏________并选择原因________。

A. 好　　B. 坏　　C. 正向导通，反向截止

D. 正向导通，反向导通　　E. 正向截止反向截止

2）判断三极管的好坏________。

A. 好　　B. 坏

3）判断三极管的基极________。

A. 1号脚为基极　　B. 2号脚为基极　　C. 3号脚为基极

4）判断电解电容器________。

A. 有充放电功能　　B. 开路　　C. 短路

课题 9　单相半波整流电路的安装与调试

实训目的

(1) 掌握单相半波整流电路工作原理。

(2) 掌握单相半波整流电路元器件参数的选择。

(3) 完成电路的安装、调试。

任务分析

能正确识别各种电子元件，正确判断出使用场合，能利用仪器、仪表快速对元件性能进行判断。通过焊接完成电路的安装，使用仪表检测电路各点电压、电流。

基础知识

很多电路都需要有稳定的直流电源提供能量。虽然有些情况下可用化学电池作为直流电源，但大多数情况是需要利用电网提供的交流电源经过转换而得到直流电源的。直流稳压电源就是把交流电通过整流变成脉动的直流电，再经过滤波稳压变成稳定的直流电的设备，一套完整的直流稳压电路结构如图 9-1 所示。

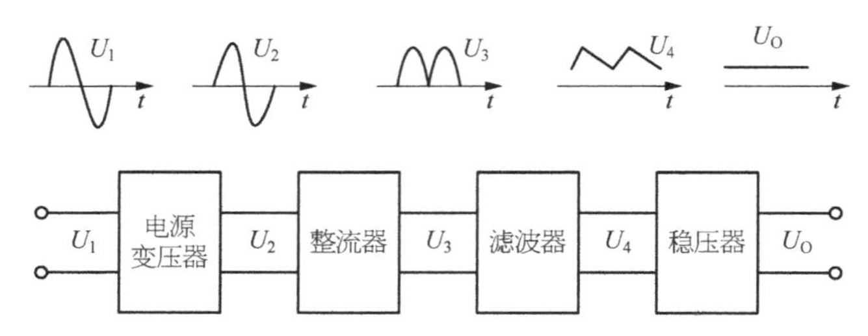

图 9-1　直流稳压电源的组成结构

一、单相半波整流电路

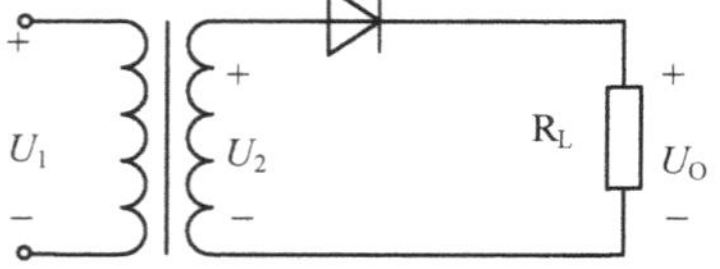

图 9-2　单相半波整流电路

单相半波整流电路由变压器、整流二极管和负载三部分组成，如图 9-2 所示。

当 U_2 为正半周时，二极管 V 承受正向电压而导通，此时有电流流过负载，并且和二极管上的电流相等，即 $I_O = I_D$。忽略二极管的电压降，则负载两端的输出电压等于变压器副边电压，即 $U_O = U_2$，输出电压 U_O 的波形与 U_2 相同。当 U_2 为负半周时，二极管 V 承受反向电压而截止。此时负载上无电流流过，输出电压 $U_O = 0$，变压器副边电压 U_2 全部加在二极管 V 上，电压波形如图 9-3 所示。

单相半波整流电压的平均值为：$U_O = \frac{1}{2\pi}\int_0^{\pi}\sqrt{2}U_2\sin\omega t d(\omega t) = \frac{\sqrt{2}}{\pi}U_2 = 0.45U_2$

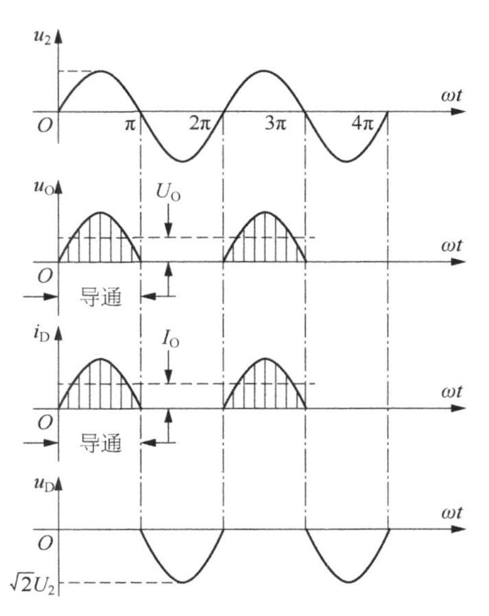

图9-3　单相半波整流电路电压波形

流过负载电阻器 R_L 的电流平均值为：$I_O=\dfrac{U_O}{R_L}=0.45\dfrac{U_2}{R_L}$

流经二极管的电流平均值与负载电流平均值相等，即：$I_D=I_O=0.45\dfrac{U_2}{R_L}$

二极管截止时承受的最高反向电压为 u_2 的最大值，即：$U_{RM}=U_{2M}=\sqrt{2}U_2$

一般常用如下经验公式估算电容器滤波时的输出电压平均值：半波：$U_O=U_2$

二、滤波电路

整流电路可以将交流电转换为直流电，但脉动较大，在某些应用中如电镀、蓄电池充电等可直接使用脉动直流电源，但许多电子设备需要平稳的直流电源，所以这种电源中的整流电路后面还需加滤波电路将交流成分滤除，以得到比较平滑的输出电压。

滤波通常是利用电容器或电感器的能量存储功能来实现的。假设电路接通时恰恰在 U_2 由负到正过零的时刻，这时二极管 V 开始导通，电源 U_2 在向负载 R_L 供电的同时又对电容器 C 充电。如果忽略二极管正向压降，电容器电压 UC 紧随输入电压 U_2 按正弦规律上升至 U_2 的最大值。然后 U_2 继续按正弦规律下降，且 $U_2<U_C$，使二极管 V 截止，而电容器 C 则对负载电阻器 R_L 按指数规律放电。U_C 降至 U_2 大于 U_C 时，二极管又导通，电容器 C 再次充电……这样循环下去，U_2 周期性变化，电容器 C 周而复始地进行充电和放电，使输出电压脉动减小，如图 9-4(b)所示。电容器 C 放电的快慢取决于时间常数（$\tau=R_LC$）的大小，时间常数越大，电容器 C 放电越慢，输出电压 U_O 就越平坦，平均值也越高。

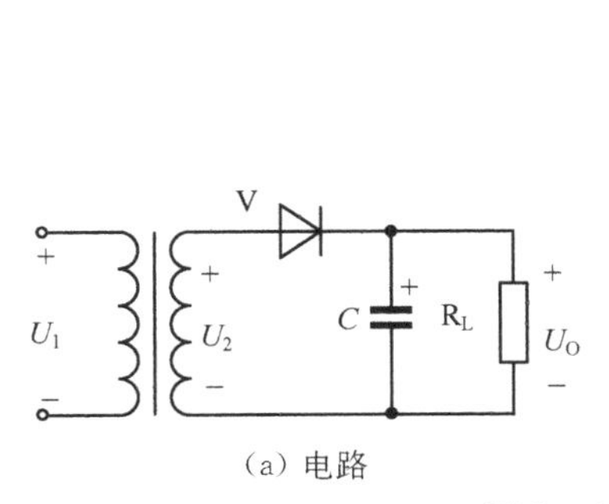

(a) 电路

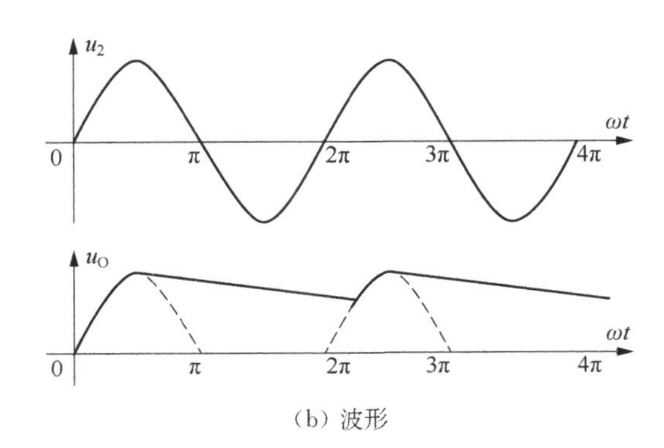

(b) 波形

图9-4　滤波电路输出电压波形

为了获得较平滑的输出电压，一般要求 $R_L\geqslant(10\sim15)\dfrac{1}{\omega C}$，即：$\tau=R_LC\geqslant(3\sim5)\dfrac{T}{2}$，上式中 T 为交流电压的周期。滤波电容器 C 一般选择体积小，容量大的电解电容器。应注意，普通电解电容器有正、负极性，使用时正极必须接高电位端，如果接反会造成电解电容器的损坏。

加入滤波电容器以后，二极管导通时间缩短，且在短时间内承受较大的冲击电流（I_C+I_O），为了保证二极管的安全，选管时应放宽裕量。

单相半波整流、电容器滤波电路中，二极管承受的反向电压为 $U_{DR}=U_C+U_2$，当负载开路时，承受的反向电压为最高，为：$U_{RM}=2\sqrt{2}U_2$。

电容器滤波电路的输出电压在负载变化时波动较大，说明它的带负载能力较差，只适用于负载较轻且变化不大的场合。

三、稳压电路

将不稳定的直流电压变换成稳定的直流电压的电路称为直流稳压电路。

直流稳压电路按调整器件的工作状态可分为线性稳压电路和开关稳压电路两大类。前者使用起来简单易行，但转换效率低，体积大；后者体积小，转换效率高，但控制电路较复杂。

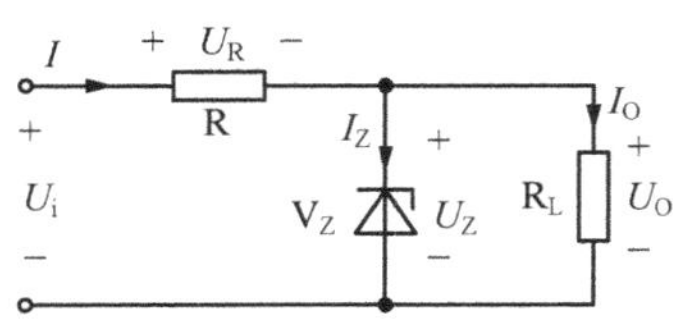

图 9－5　稳压管稳压过程

图 9－5 所示电路中输入电压 U_i 波动时会引起输出电压 U_O 波动。如 U_i 升高将引起随之升高，导致稳压管的电流 I_Z 急剧增加，使得电阻器 R 上的电流 I 和电压 U_R 迅速增大，从而使 U_O 基本上保持不变。反之，当 U_i 减小时，U_R 相应减小，仍可保持 U_O 基本不变。

当负载电流 I_O 发生变化引起输出电压 U_O 发生变化时，同样会引起 I_Z 的相应变化，使得 U_O 保持基本稳定。如当 I_O 增大时，I 和 U_R 均会随之增大使得 U_O 下降，这将导致 I_Z 急剧减小，使 I 仍维持原有数值保持 U_R 不变，使得 U_O 得到稳定。

四、负载变化的单相半波、电容器滤波、稳压管稳压电路分析

负载变换的单相半波整流、电容器滤波、稳压管稳压电路（图 9－6）工作原理如下：220 V 交流电压经变压器降压后输出交流 12 V，整流二极管 V1 进行单相半波整流得到直流电压，由电容 C 滤波，再经限流电阻器 R1 和稳压管 V2 组成的稳压，电阻器 R3、R4 组成一组“负载电阻器 1”，电阻器 R5、R6 组成一组“负载电阻器 2”。无论开关 S 闭合或断开，电路的输出电压都基本稳定。

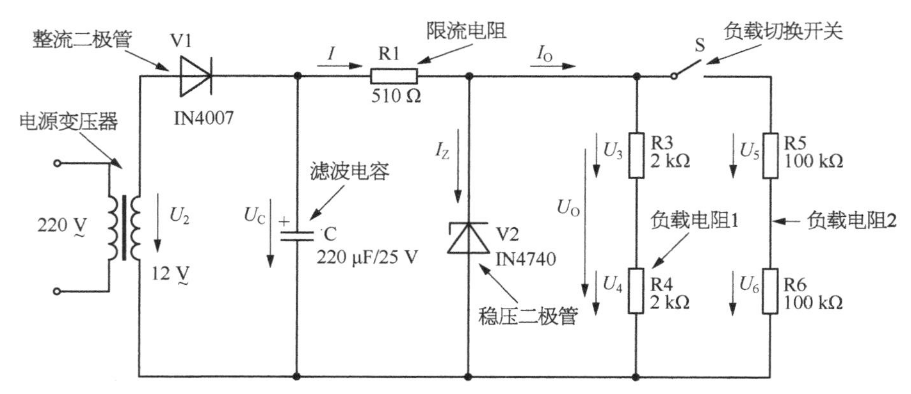

图 9－6　负载变换的单相半波整流、电容器滤波、稳压管稳压电路

五、元件选择

首先选定输入电压和稳压二极管，然后确定限流电阻器 R。

（1）输入电压 U_i 的确定

考虑电网电压的变化，U_i 可按下式选择：

$$U_i = (2 \sim 3) U_O$$

（2）稳压二极管的选取

稳压管的参数可按下式选取：

$$U_Z = U_O$$
$$I_{Zmax} = (2 \sim 3) I_{Omax}$$

（3）限流电阻的确定

当输入电压 U_i 上升 10%，且负载电流为零（即 RL 开路）时，流过稳压管的电流不超过稳压管的最大允许电流 I_{Zmax}。

$$\frac{U_{Imax} - U_O}{R} < I_{Zmax}, \ R > \frac{U_{Imax} - U_O}{I_{Zmax}} = \frac{1.1U_I - U_O}{I_{Zmax}}$$

当输入电压下降 10%，且负载电流最大时，流过稳压管的电流不允许小于稳压管稳定电流的最小值 I_{Zmin}，即

$$\frac{U_{Imax} - U_O}{R} - I_{Omax} > I_{Zmin}, \ R < \frac{U_{Imin} - U_O}{I_{Zmin} - I_{Omax}} = \frac{0.9U_I - U_O}{I_{Zmin} + I_{Omax}}$$

故限流电阻选择应按下式确定：

$$\frac{U_{Imax} - U_O}{R} - I_{Omax} < R < \frac{U_{Imin} - U_O}{I_{Zmin} - I_{Omax}} \quad P_R \geqslant \frac{(U_{Imax} - U_O)^2}{R}$$

技能训练

一、训练要求

（1）用万用表测量二极管、电阻器、三极管和电容器，判断好坏。

（2）根据课题的要求，按照电路图完成电子元件的安装，线路布局美观、合理。

（3）按照要求进行线路调试，并测定电压、电流值。

（4）技能考核时间：30 min。

二、训练内容

（1）按负载变化的单相半波整流、电容器滤波、稳压管稳压电路元件明细表配齐元件，并检测筛选出技术参数合适的元件。

（2）按负载变化的单相整流半波、电容器滤波、稳压管稳压电路进行安装，如遇故障自行排除。

（3）安装后，通电调试，在开关合上及打开的两种情况下，测量电压 U_2、U_C、U_O；电流 I、I_Z、I_O 及四个负载电阻器上的电压 U_3、U_4、U_5、U_6。

（4）通过测量结果简述电路的工作原理，说明电压表内阻对测量的影响。

三、训练使用的设备、工具、材料

（1）专用电子印刷线路板。

（2）万用表。

(3) 焊接工具。

(4) 相关元器件。

(5) 变压器(220 V/12 V)。

四、训练步骤

(1) 根据图 9 - 7 配齐电路中所需的电子元件,清单见表 9 - 1。

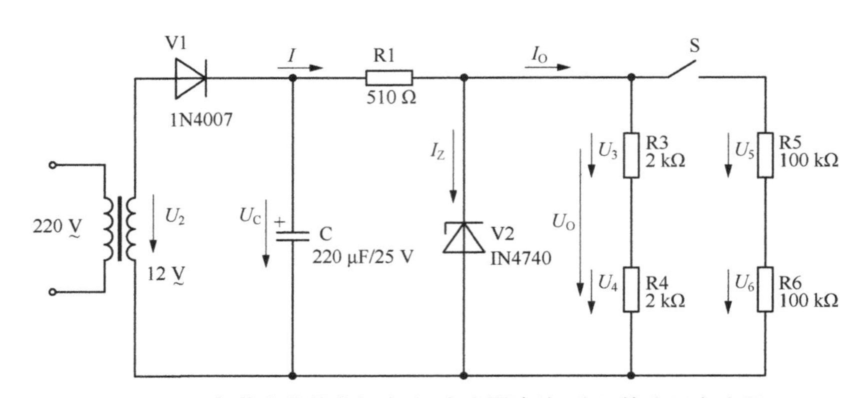

图 9 - 7　负载变换的单相半波、电容器滤波、稳压管稳压电路图

表 9 - 1　负载变换的单相半波、电容器滤波、稳压管稳压电路元件清单

序号	符号	名称	型号与规格	数量
1	V1	二极管	1N4007	1
2	V2	稳压管	1N4740(10 V)	1
3	C	电容器	220 μF/25 V	1
4	R1	电阻器	510 Ω、1/2 W	1
5	R2～R3	电阻器	2 kΩ、1/2 W	2
6	R4～R5	电阻器	100 kΩ、1/2 W	2
7	S	开关	MTS - 102(ON - ON)/3 A 250 V	1

(2) 正确识别元件并使用万用表测试二极管、电容器的性能好坏,测量电阻器的阻值。

(3) 清除各元件引脚处的氧化层和空心铆钉的氧化层,将上述清除氧化层处搪锡。

(4) 考虑元件在空心铆钉板上的布局,注意二极管、电容器及电阻器阻值。

(5) 元件合理安置,并下焊(从左到右将元件焊在电路板上)。

(6) 调试。

1) 检查元件及背后连接线无误的情况下。

2) 接通电源,万用表置位合适的交流电压挡测量输入交流电压(U_2),测量电压时万用表表笔与被测点并联,如图 9 - 8 所示。

3) 用万用表直流电压挡测量电路中直流电压:万用表两表笔和被测电路或负载并联即可,注意红、黑表笔的放置位置(红表笔接+,黑表笔接－)如图 9 - 9 所示。电容器两端正常情况下输出电压(U_C)约为 14 V。若输出电压过小,说明滤波电容器脱焊或已经断路。

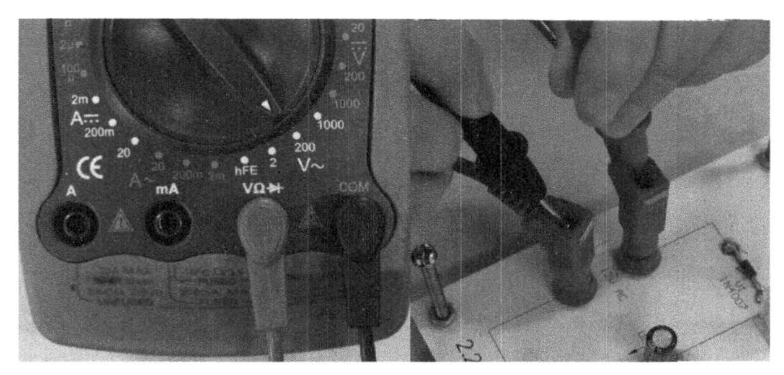

图 9-8　万用表测量输入交流电压

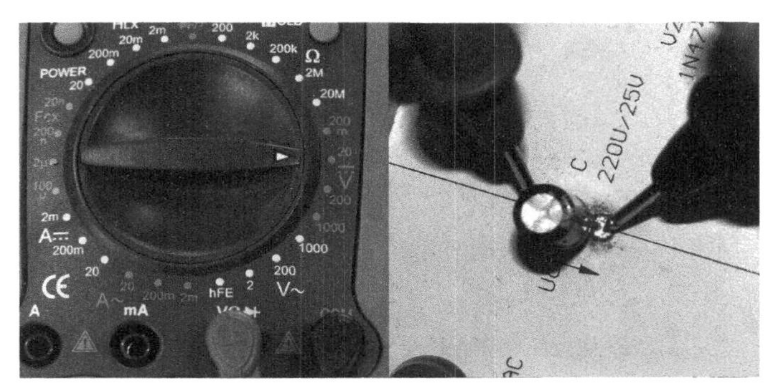

图 9-9　万用表直流电压挡测量电路中电容器两端直流电压值(U_C)

4）稳压管两端电压正常值为 10 V 之间。若电压为 14 V 左右，说明稳压二极管路脱焊或已经断路；若电压为 0 V，说明稳压二极管短路。

5）负载变换是通过电路板上安装的切换开关 S 进行的，当开关 S 两端短路时为接通状态[图 9-10(a)]，开关 S 两端开路时为断开状态[如图 9-10(b)]。

(a)

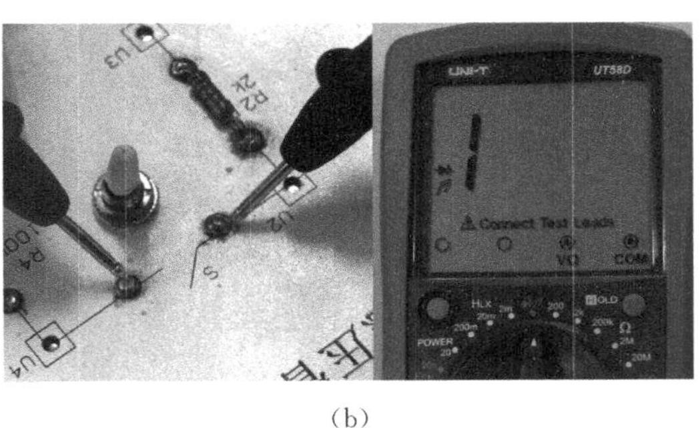

(b)

图 9-10　万用表实测开关 S 两端状态

(a)接通；(b)断开

6）根据并联电路各处电压相等的原理，无论开关 S 合上或打开，U_O 的电压都与稳压管两端电压相近似。

7）合上开关 S，使用万用表直流电压挡分别 U_3、U_4、U_5、U_6 的电压值，实测每处电压约 5 V，如果不是应检查电路。

8）打开开关 S，使用万用表直流电压挡分别 U_3、U_4、U_5、U_6 的电压值，实测 U_3、U_4 处电压各约 5 V，U_5、U_6 的电压值为 0 V，如果不是应检查电路。

9）测量直流电流 I（总电流）、I_Z（稳压管电流）、I_O（输出电流）时，将万用表的转换开关置于直流电流挡合适量程上，测量时必须先断开该部分被测电路，然后按照电流从“＋”到“－”的方向，将万用表串联到被测电路中，即电流从红表笔流入，从黑表笔流出，如图 9－11 所示。测量电流时如果误将万用表与负载并联，则因表头的内阻很小，会造成短路烧毁仪表。数字万用表测较小电流，用红表笔插在“mA”孔，黑表笔插在“com”孔。

注：I（总电流）$=I_Z$（稳压管电流）$+I_O$（输出电流）。

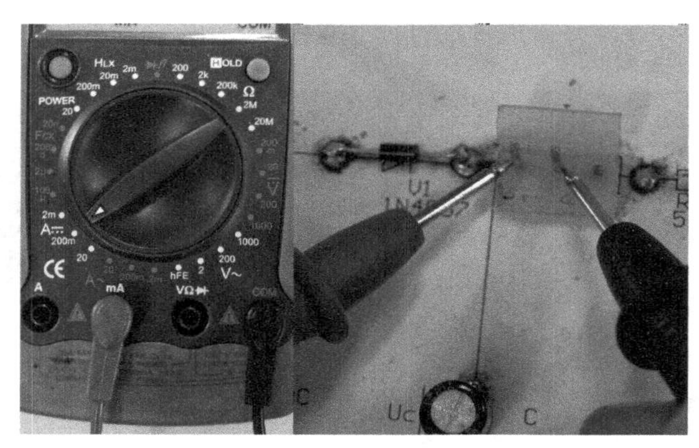

图 9－11　万用表测直流电流

技能考核

（1）元件检测。

1）判断二极管的好坏________并选择原因________。

A. 好　　B. 坏　　C. 正向导通，反向截止

D. 正向导通，反向导通　　E. 正向截止反向截止

2）判断三极管的好坏________。

A. 好　　B. 坏

3）判断三极管的基极________。

A. 1 号脚为基极　　B. 2 号脚为基极　　C. 3 号脚为基极

4）判断电解电容器________。

A. 有充放电功能　　B. 开路　　C. 短路

（2）在开关合上及打开的两种情况下，测量电压 U_2、U_C、U_O，电流 I、I_Z、I_O 及四个负载电阻器上的电压 U_3、U_4、U_5、U_6 并填入下表中。

开关 S 的状态	U_2	U_C	U_O	I	I_Z	I_O	U_3	U_4	U_5	U_6
合上										
打开										

（3）通过测量结果简述电路的工作原理，说明电压表内阻对测量的影响。

课题 10　单相全波整流电路的安装与调试

实训目的

(1) 掌握单相全波整流、电容器滤波、稳压管稳压电路工作原理。

(2) 掌握单相全波整流、电容器滤波、稳压管稳压电路元器件参数的选择。

(3) 完成电路的安装、调试。

任务分析

能正确识别各种电子元件,正确判断出使用场合,能利用仪器、仪表快速对元件性能进行判断。通过焊接完成电路的安装,使用仪表检测电路各点电压、电流。

基础知识

一、单相全波整流电路

1. 电路图

变压器中心抽头式单相全波整流电路,电路如图 10-1 所示。V_1、V_2 为性能相同的整流二极管,V_1 的阳极连接 A 点,V_2 的阳极连接 B 点;T 为电源变压器,作用是产生大小相等而相位相反的 U_{2a} 和 U_{2b}。

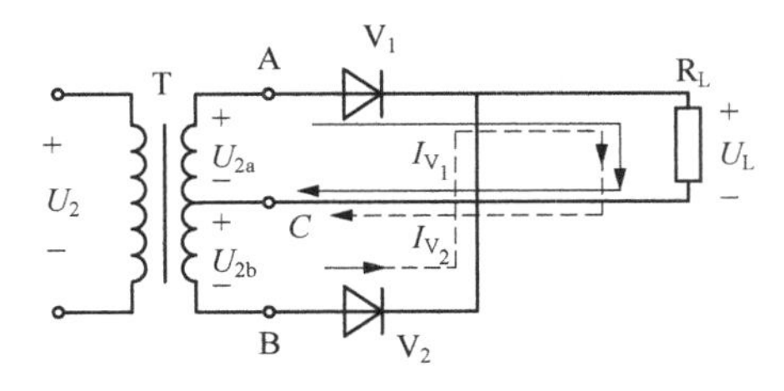

图 10-1　变压器中心抽头式单相全波整流电路

2. 工作原理

设正半周时,图 10-1 中 A 端为正,B 端为负,则 A 端电位高于中心抽头 C 处电位,且 C 处电位又高于 B 端电位。二极管 V_1 导通,V_2 截止,电流 I_{V_1} 自 A 端经二极管 V_1 自上而下流过 R_L 到变压器中心抽头 C 处;当 U_1 为负半周时,B 端为正、A 端为负,则 B 端电位高于中心抽头 C 处电位,且 C 处电位又高于 A 端电位。二极管 V_2 导通,V_1 截止,电流 I_{V_2} 自 B 端经二极管 V_2,也自上而下流过负载 R_L 到 C 处,I_{V_1} 和 I_{V_2} 叠加形成全波脉动直流电流 I_L,在 R_L 两端产生全波脉动直流电压 U_L。

在整个周期内,流过二极管的电流 I_{V_1}、I_{V_2} 叠加形成全波脉动直流电流 I_L,于是 R_L 两端产生全波脉动直流电压 U_L。故电路称为全波整流电路,电路波形如图 10-2 所示。

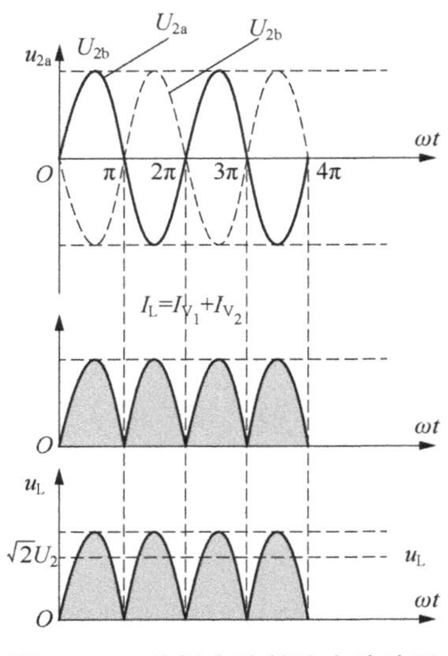

图 10-2 单相全波整流电路波形

3. 负载和整流二极管上的电压和电流

(1) 负载电压、电流。

全波整流电路的负载 R_L 上得到的是全波脉动直流电压，所以全波整流电路的输出电压比半波整流电路的输出电压增加一倍，电流也增加一倍，即

$$I_L=\frac{U_L}{R_L}=\frac{0.9U_2}{R_L}$$

(2) 二极管的平均电流只有负载电流的一半，即

$$I_V=\frac{1}{2}I_L$$

(3) 二极管承受反向峰值电压是变压器次级两个绕组总电压的峰值，即

$$U_{RM}=2\sqrt{2}U_2$$

二、单相全波整流、电容器滤波、稳压管稳压电路分析

负载变换的单相全波整流、电容器滤波、稳压管稳压电路(图 10-3)工作原理如下：220 V 交流电压经变压器降压后输出交流 12 V，整流二极管 V1、V2 组成单相全波整流得到直流电压，电容器 C 滤波。再经限流电阻器 R1 和稳压管 V3 组成的稳压电路与负载电阻器 R2 并联。这样，负载得到的就是一个比较稳定的输出电压。

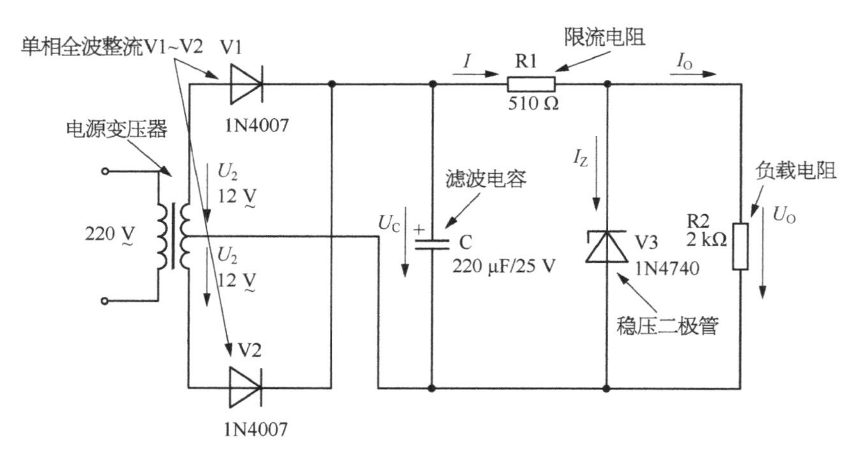

图 10-3 单相全波整流、电容器滤波、稳压管稳压电路分析

技能训练

一、训练要求

(1) 用万用表测试二极管、三极管和电容器，判断好坏。

(2) 根据课题的要求，按照电路图完成电子元件的安装，线路布局美观、合理。

(3) 按照要求进行线路调试，并测定电压、电流值。

(4) 技能考核时间:30 min。

二、训练内容

(1) 按单相全波整流、电容器滤波、稳压管稳压电路元件明细表配齐元件,并检测筛选出技术参数合适的元件。

(2) 按单相全波整流、电容器滤波、稳压管稳压电路进行安装,如遇故障自行排除。

(3) 安装后,通电调试测量电压 U_2、U_C、U_O;电流 I、I_Z、I_O。

(4) 通过测量结果简述电路的工作原理。

三、训练使用的设备、工具、材料

(1) 专用电子印刷线路板。

(2) 万用表。

(3) 焊接工具。

(4) 相关元器件。

(5) 多抽头变压器(220 V/12 V, 12 V)。

四、训练步骤

(1) 根据图 10-4 配齐电路中所需的电子元件,清单见表 10-1。

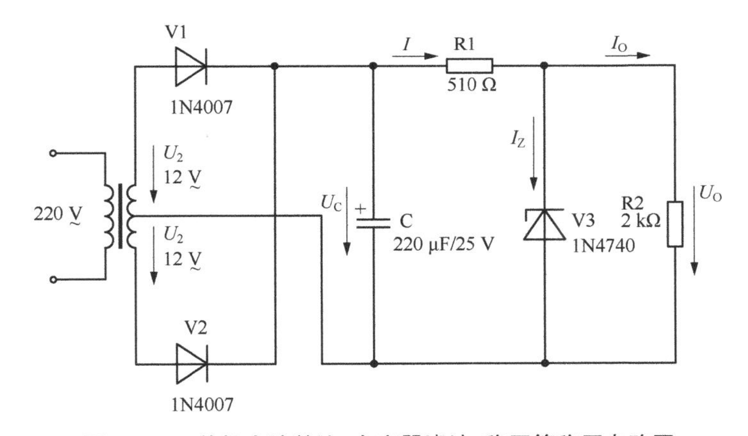

图 10-4　单相全波整流、电容器滤波、稳压管稳压电路图

表 10-1　单相全波整流、电容器滤波、稳压管稳压电路元件清单

序号	符号	名称	型号与规格	数量
1	V1	二极管	1N4007	1
2	V2	二极管	1N4007	1
3	V3	稳压管	1N4740(10 V)	1
4	C	电容器	220 μF/25 V	1
5	R1	电阻器	510 Ω、1/2 W	1
6	R2	电阻器	2 kΩ、1/2 W	1

(2) 正确识别元件并使用万用表测试二极管、电容器的性能好坏,测量电阻。

(3) 清除各元件引脚处的氧化层和空心铆钉的氧化层，将上述清除氧化层处搪锡。

(4) 考虑元件在空心铆钉板上的布局，注意二极管、电容器及电阻。

(5) 元件合理安置，并下焊(从左到右将元件焊在电路板上)。

(6) 调试。

1) 检查元件及背后连接线无误。

2) 接通电源，万用表置为合适的交流电压挡测量输入交流电压，测量电压时万用表表笔与被测点并联。

3) 用万用表直流电压挡测量电路中直流电压。万用表两表笔和被测电路或负载并联即可，注意红、黑表笔的放置位置(红表笔接+，黑表笔接−)。电容器两端正常情况下输出电压(U_C)约为 14 V。若输出电压过小，说明滤波电容器脱焊或已经断路。

4) 负载电阻器 R2 两端电压正常值为 10 V 之间。若电压为 14 V 左右，可能是稳压二极管路脱焊或已经断路。若电压为 0 V，可能是电阻器 R1 短路或稳压二极管短路。

5) 测量直流电流 I(总电流)、I_Z(稳压管电流)、I_O(输出电流)时，将万用表的转换开关置于直流电流挡合适量程上，电流的量程选择和读数方法与电压一样。测量时必须先断开该部分被测电路，然后按照电流从"+"到"−"的方向，将万用表串联到被测电路中，即电流从红表笔流入，从黑表笔流出。测量电流时如果误将万用表与负载并联，则因表头的内阻很小，会造成短路烧毁仪表。数字万用表测较小电流，用红表笔插在"mA"孔，黑表笔插在"COM"孔。

注：I(总电流)$=I_Z$(稳压管电流)$+I_O$(输出电流)。

技能考核

(1) 元件检测。

1) 判断二极管的好坏________并选择原因________。

A. 好　　B. 坏　　C. 正向导通，反向截止

D. 正向导通，反向导通　　E. 正向截止反向截止

2) 判断三极管的好坏________。

A. 好　　B. 坏

3) 判断三极管的基极________。

A. 1 号脚为基极　　B. 2 号脚为基极　　C. 3 号脚为基极

4) 判断电解电容器________。

A. 有充放电功能　　B. 开路　　C. 短路

(2) 测量电压 U_2、U_C、U_O 及电流 I、I_Z、I_O 并填入下表中。

U_1	U_2	U_C	U_O	I	I_Z	I_O
220 V						

(3) 通过测量结果简述电路的工作原理。

课题 11 单相桥式整流电路的安装与调试

实训目的

(1) 掌握单相整流电路工作原理。
(2) 掌握单相整流电路元器件参数的选择。
(3) 完成电路的安装、调试。

任务分析

能正确识别各种电子元件，正确判断出使用场合，能利用仪器、仪表快速对元件性能进行判断。通过焊接完成电路的安装，使用仪表检测电路各点电压、电流。

基础知识

一、单相桥式全波整流电路

1. 电路图

单相桥式全波整流电路如图 11－1 所示，它是由四只整流二极管 V1～V4 电路和电源变压器 T 组成，R_L 是负载。

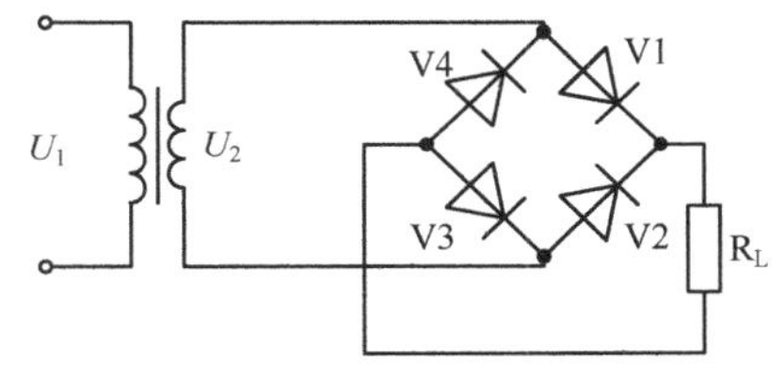

图 11－1 单相桥式全波整流电路

2. 工作原理

(1) U_2 正半周时，如图 11－2(a)所示，A 点电位高于 B 点电位，则 V1、V3 导通(V2、V4 截止)，I_1 自上而下流过负载 R_L。

(2) U_2 负半周时，如图 11－2(b)所示，A 点电位低于 B 点电位，则 V2、V4 导通(V1、V3 截止)，I_2 自上而下流过负载 R_L。

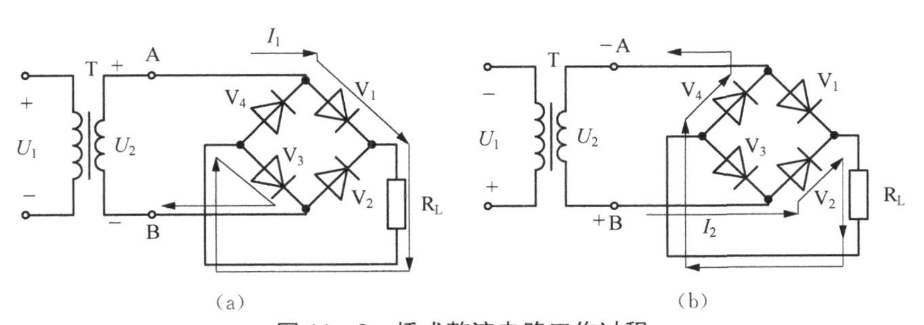

图 11－2 桥式整流电路工作过程

(a)U_2 正半周时电流方向；(b)U_2 负半周时电流方向

由波形图 11－3 可见，U_2 一周期内，两组整流二极管轮流导通产生的单方向电流 I_1 和 I_2 叠加形成了 I_L。于是负载得到全波脉动直流电压 U_L。

3. 负载和整流二极管上的电压和电流

(1) 负载电压：$U_L=0.9U_2$

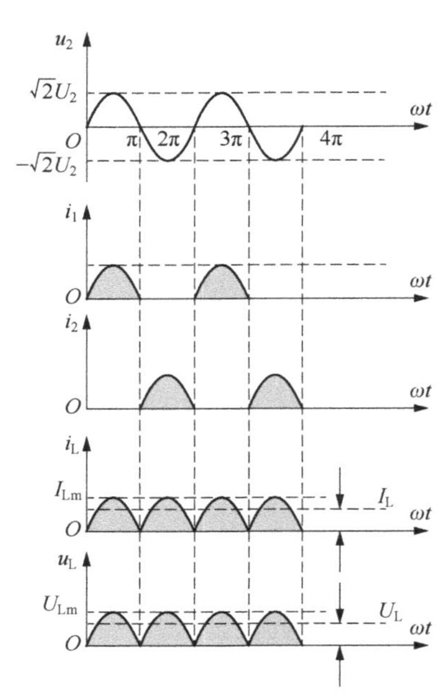

图 11－3　桥式整流电路工作波形

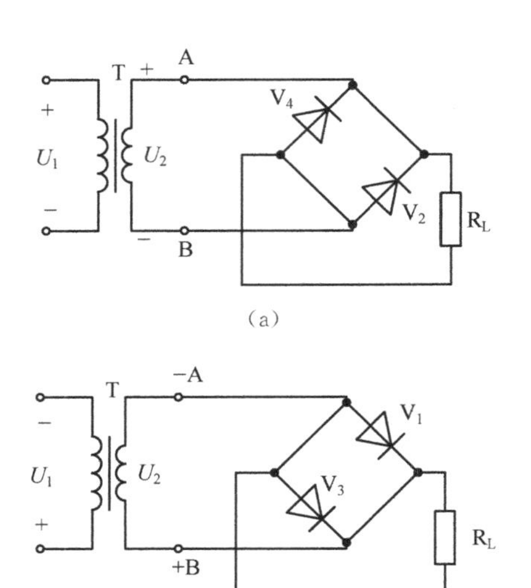

图 11－4　桥式整流二极管承受的反向峰值电压

(a)U_2 正半周时；(b)U_2 负半周时

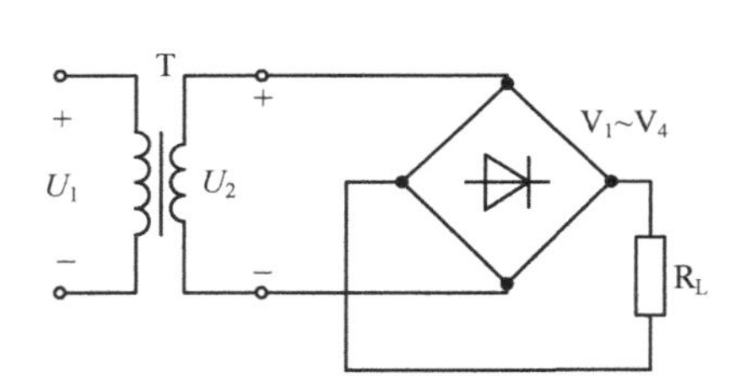

图 11－5　桥式整流电路简化画法

（2）负载电流：$I_L=\dfrac{U_L}{R_L}=\dfrac{0.9U_2}{R_L}$

（3）二极管的平均电流：$I_V=\dfrac{1}{2}I_L$

（4）如图 11－4 所示，二极管承受反向峰值电压为 $U_{RM}=\sqrt{2}U_2$

该电路优点是输出电压高，纹波小，U_{RM} 较低，应用广泛。桥式整流电路简化画法如图 11－5 所示。

二、单相桥式整流电路、电容器滤波电路工作原理分析

单相桥式整流电路、电容器滤波电路（图 11－6）工作原理如下：220 V 交流电压经变压器

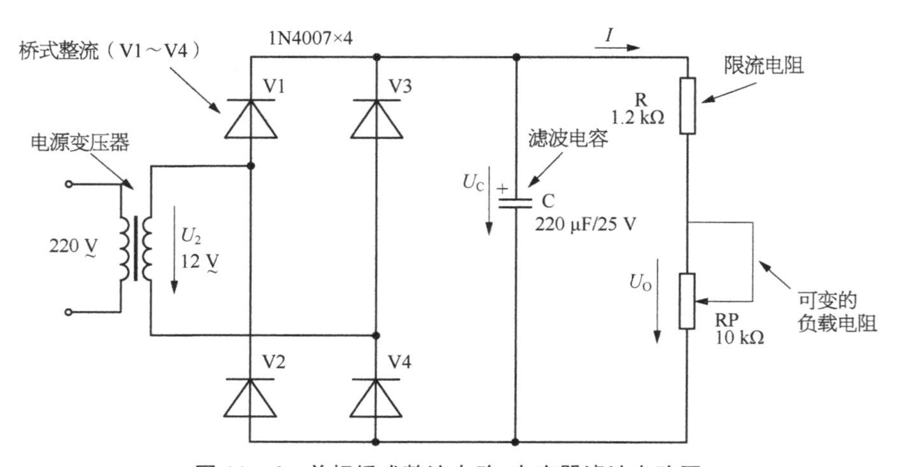

图 11－6　单相桥式整流电路、电容器滤波电路图

降压后输出交流 12 V 经整流二极管 V1～V4 组成单相桥式全波整流后得到直流电压，经电容器 C 滤波，调节可变电阻器 RP 可以改变输出负载阻值。改变输出负载大小，输出电流随之变化，电位器 RP 两端的输出电压随之改变。

技能训练

一、训练要求

(1) 用万用表测量二极管、三极管和电容器，判断好坏。

(2) 根据课题的要求，按照电路图完成电子元件的安装，线路布局美观、合理。

(3) 按照要求进行线路调试，并测定电压、电流值。

(4) 测量电路的外特性填入表中，通过测量结果说明电路为什么有这样的外特性。

(5) 把输出电流调到 8 mA，测量在下列各种故障情况下的输出电压，通过测量结果说明为什么有这样的故障现象。

(6) 技能考核时间：30 min。

二、训练内容

(1) 按单相桥式整流、电容器滤波电路的元件明细表配齐元件，并检测筛选出技术参数合适的元件。

(2) 按单相桥式整流、电容器滤波电路进行安装，如遇故障自行排除。

(3) 安装后，通电调试，并测量电压及电流值。

三、技能训练使用的设备、工具、材料

(1) 专用电子印刷线路板。

(2) 万用表。

(3) 焊接工具。

(4) 相关元器件。

(5) 变压器(220 V/12 V)。

四、训练步骤

(1) 根据图 11－7 配齐电路中所需的电子元件，清单见表 11－1。

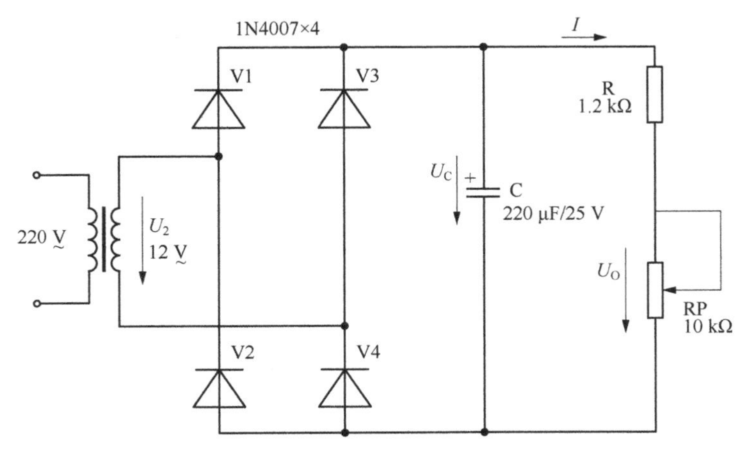

图 11－7　单相桥式整流、电容器滤波电路图

表 11-1 单相桥式整流、电容器滤波电路元件清单

序号	符号	名称	型号与规格	数量
1	V1	二极管	1N4007	1
2	V2	二极管	1N4007	1
3	V3	二极管	1N4007	1
4	V4	二极管	1N4007	1
5	C	电容器	220 μf/25 V	1
6	R1	电阻器	1.2 kΩ、1/2 W	1
7	RP	可变电阻器	WH05-10 kΩ	1

(2) 正确识别元件并使用万用表测试二极管、电容器的性能好坏,测量电阻。

(3) 清除各元件引脚处的氧化层和空心铆钉的氧化层,将上述清除氧化层处搪锡。

(4) 考虑元件在电路板上的布局,注意二极管、电容器、二极管极性及电阻。

(5) 元件置于图示位置,并下焊(从左到右将元件焊在电路板上)。

(6) 调试。

1) 检查元件及背后连接线无误。

2) 接通电源,万用表置为合适的交流电压挡测量输入交流电压,测量电压时万用表表笔与被测点并联。

3) 断开指定输出电路,万用表调整到电流挡(mA),将表笔串联在被测电路中,调节电位器 RP,将输出电流调到规定值(2 mA 或 4 mA 或 6 mA 或 8 mA 或 10 mA),具体方法如图 11-8 所示。

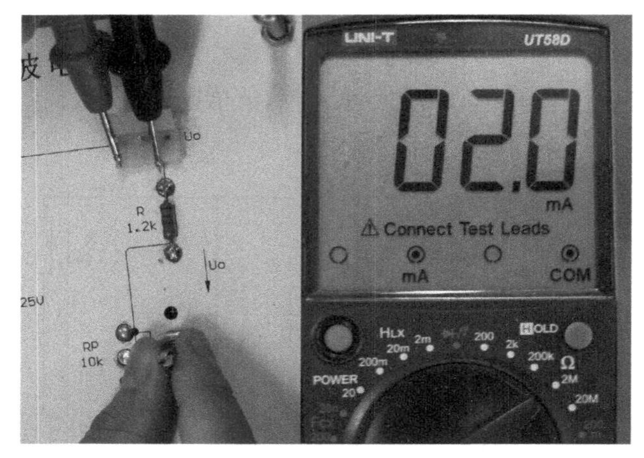

图 11-8 调节可变电阻器 RP,将输出电流调到 2 mA

4) 恢复断路处,用万用表调到直流电压挡,将表笔并联在被测电路中可变电阻器 RP 两端并将电压值记录。注意红、黑表笔的放置位置(红表笔接+,黑表笔接-)。

5) 接通电路输入电源,调节可变电阻器 RP 同时观察万用表的显示数值,将输出直流电流调整到 8 mA(图 11-9)。

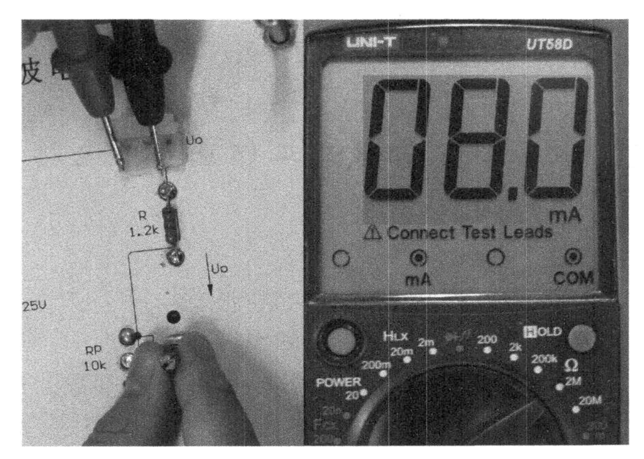

图 11－9　输出直流电流调整到 8 mA

6）切断电路输入电源，使用电烙铁将电路板上元件拆除（断开一个二极管或断开滤波电容或断开一个二极管及滤波电容器）。

7）接通电路输入电源，使用万用表测试电路输出电压并记录。

技能考核

（1）元件检测。

1）判断二极管的好坏________并选择原因________。

A. 好　　B. 坏　　C. 正向导通，反向截止

D. 正向导通，反向导通　　E. 正向截止反向截止

2）判断三极管的好坏________。

A. 好　　B. 坏

3）判断三极管的基极________。

A. 1 号脚为基极　　B. 2 号脚为基极　　C. 3 号脚为基极

4）判断电解电容器________。

A. 有充放电功能　　B. 开路　　C. 短路

（2）将测量电路的外特性填入表中，通过测量结果说明电路为什么有这样的外特性。

输出电流/mA	2	4	6	8	10
输出电压/V					

（3）把输出电流调到 8 mA，测量在下列各种故障情况下的输出电压，通过测量结果说明为什么有这样的故障现象。

故障点	输出电压
断开一个二极管	
断开滤波电容器	
断开一个二极管及滤波电容器	

课题 12 直流电源与三极管静态工作点测量电路的安装与调试

实训目的

（1）掌握直流电源与三极管静态工作点的测量电路工作原理。

（2）掌握直流电源与三极管静态工作点的测量电路元器件参数的选择。

（3）完成电路的安装、调试。

任务分析

能正确识别各种电子元件，正确判断出使用场合，能利用仪器、仪表快速对元件性能进行判断。通过焊接完成电路的安装，使用仪表检测电路各点电压、电流。

基础知识

一、三极管的工作原理

我们以 NPN 三极管为例讨论三极管的电流分配与放大作用，所得结论一样适用于 PNP 三极管。

1. 三极管放大的条件（图 12－1）

（1）外部条件。

1）发射结加正偏时，从发射区将有大量的电子向基区扩散，形成的电流为 I_{EN}。

2）集电结反偏，使集电结区的少子形成漂移电流 I_{CBO}。

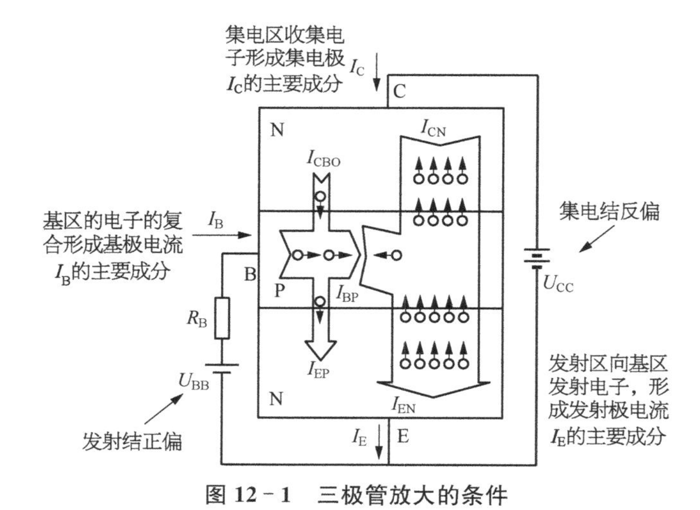

图 12－1 三极管放大的条件

（2）内部条件。

1）从基区向发射区也有空穴的扩散运动，但其数量少形成的电流为 I_{EP}（这是因为发射区的掺杂浓度远大于基区的掺杂浓度）。

2）进入基区的电子流因基区的空穴浓度低，被复合的机会较少。又因基区很薄，在集电结反偏电压的作用下，电子在基区停留的时间很短，很快就运动到了集电结的边上，进入集电结的结电场区域，被集电极所收集，形成集电极电流 I_{CN}。在基区被复合的电子形成的电流是 I_{BN}。

3）集电结面积大。

2. 三极管的电流关系

（1）$I_E=I_C+I_B$。

（2）$I_C=\beta I_B$。

（3）$I_E=I_C+I_B=(1+\beta)I_B\approx I_C$。

综上所述，得到三极管的电流分配关系，三极管中还有一些少子电流，比如 I_{CBO}，通常可以忽略不计，但它们对温度十分敏感。

二、三极管的三种基本组态

因为三极管有三个电极，此处以 NPN 三极管为例，分别将三极管的三个电极作为输入端、输出端和公共端，有三种不同的三极管电路的组成方式。根据公共电极的不同，分别叫作共发射极接法：发射极作为公共端，如图 12－2 所示；共集电极接法：集电极作为公共端，如图 12－3 所示；共基极接法：基极作为公共端，如图 12－4 所示。

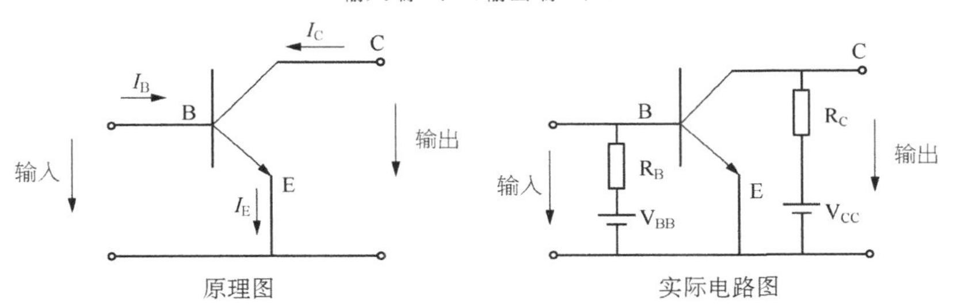

图 12－2　共发射极连接方式

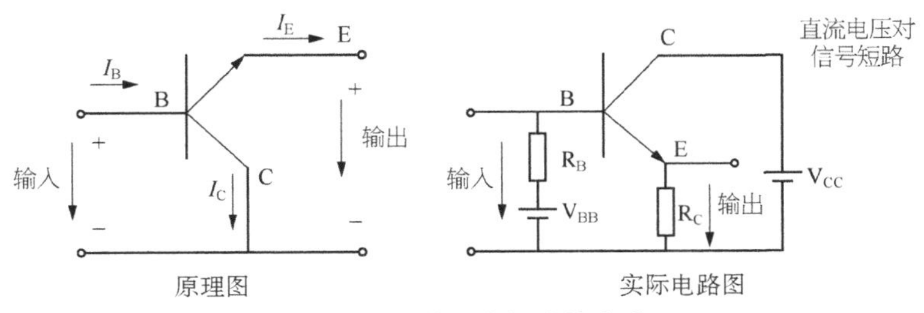

图 12－3　共集电极连接方式

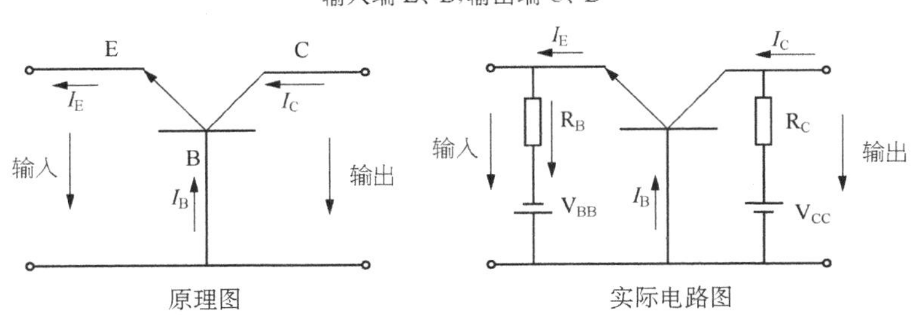

图 12－4　共基极连接方式

三、晶体管的特性曲线

图 12-5 是测试三极管共发射极电路伏安特性曲线的电路图。

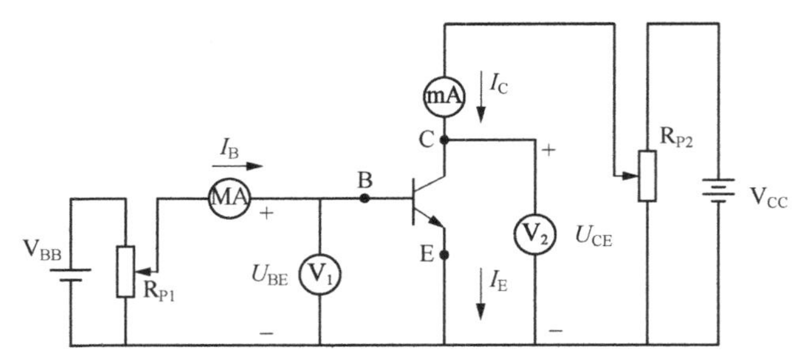

图 12-5　三极管共发射极电路伏安特性曲线的电路图

1. 输入特性曲线

如图 12-6 所示，$U_{CE} \geqslant 1\,V$，集电结反偏，电场足以将发射区扩散到基区的载流子吸收到集电区形成 I_C，U_{CE} 再增大曲线也几乎不变。

死区电压与导通电压 U_{BE}：硅管分别约为 0.5 V 和 0.7 V，锗管分别约为 0.1 V 和 0.3 V。

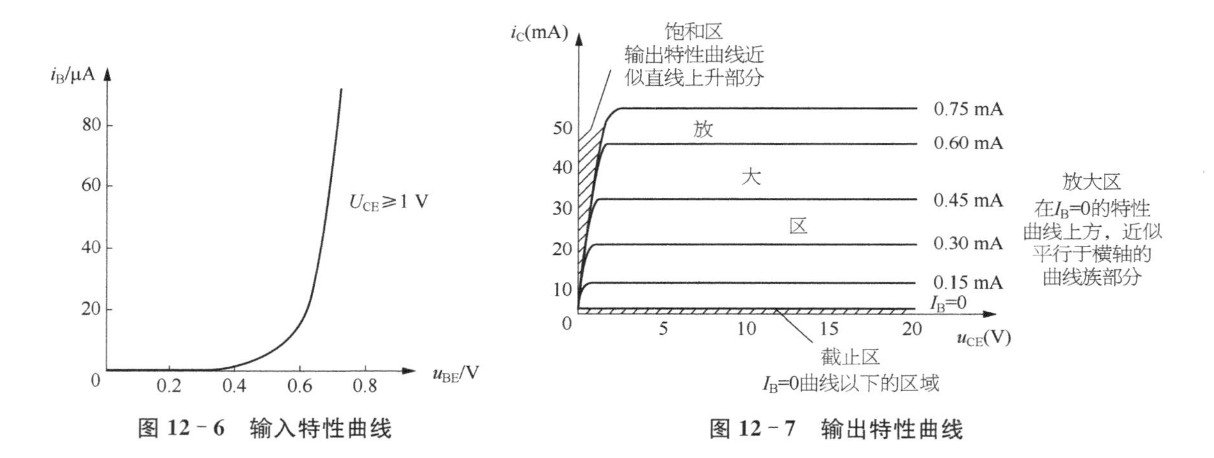

图 12-6　输入特性曲线　　图 12-7　输出特性曲线

2. 输出特性曲线

输出特性曲线如图 12-7 所示。

四、三极管的主要参数

1. 电流放大系数

交流电流放大系数：$\beta = \left.\frac{\Delta I_C}{\Delta I_B}\right|_{U_{CE}=\text{常数}}$　电流放大系数：$\bar{\beta} = \frac{I_C - I_{CEO}}{I_B} \approx \frac{I_C}{I_B}$

直流交流、直流电流放大系数的意义不同，但在输出特性线性良好的情况下，两个数值的差别很小，一般不作严格区分。

常用小功率三极管的 β 为 20～200。

2. 极间反向电流

集、基间反向饱和电流：I_{CEO}，集、射间反向饱和电流（穿透电流）：I_{CBO}，测试电路如图 12-8 所示。

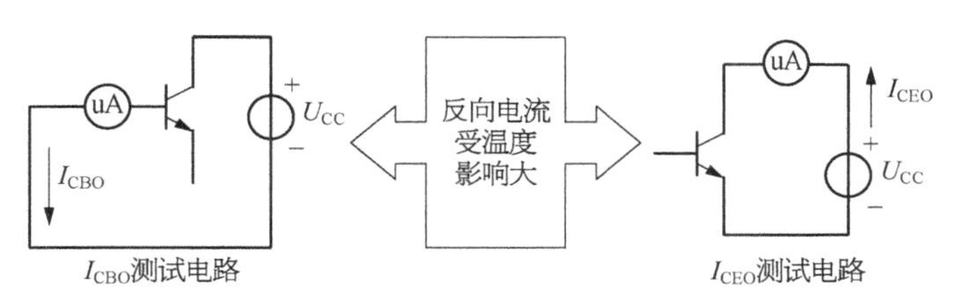

图 12－8　极间反向电流测试电路

五、基本放大电路

1. 放大能力

放大能力表示放大器的输出、输入的信号强度比或放大倍数(增益),放大电路框图如图 12－9 所示。根据放大电路输入信号和输出信号的类型,有 4 种放大倍数的定义。

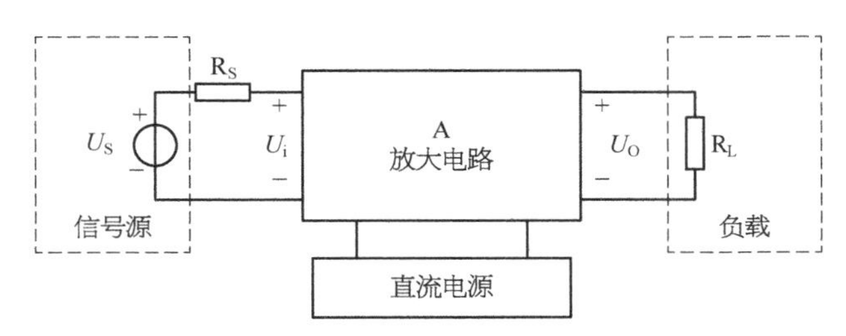

图 12－9　放大电路框图

(1) 电压放大倍数:$A_U=U_O/U_i$

(2) 电流放大倍数:$A_I=I_O/I_i$

(3) 互阻增益:$A_r=U_O/I_i$

(4) 互导增益:$A_g=I_O/U_i$

2. 输入/输出电阻

(1) 输入电阻 R_i——从放大电路输入端看进去的等效电阻图,如图 12－10 所示。定义为:$R_i=U_i/I_i$, $U_O=0$

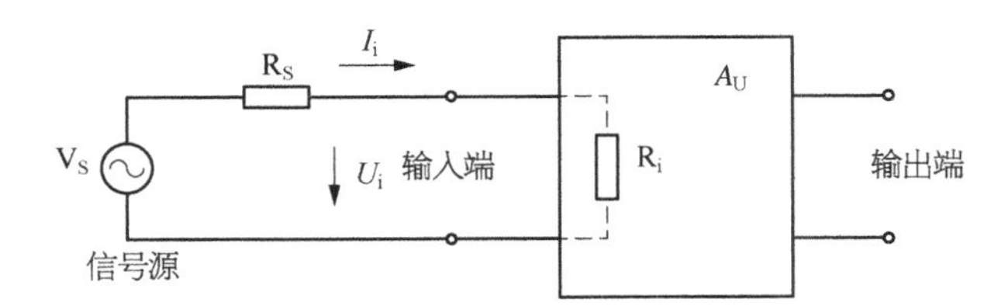

图 12－10　输入电阻的等效电阻图

一般来说(不考虑阻抗匹配),R_i 越大越好。

1) R_i 越大,I_i 就越小,从信号源索取的电流越小。

2) 当信号源有内阻时,R_i 越大,U_i 就越接近 U_S。

(2) 输出电阻 R_O——从放大电路输出端看进去的等效电阻,如图 12－11 所示。定义为:$R_O=U_O/I_O$, $U_S=0$

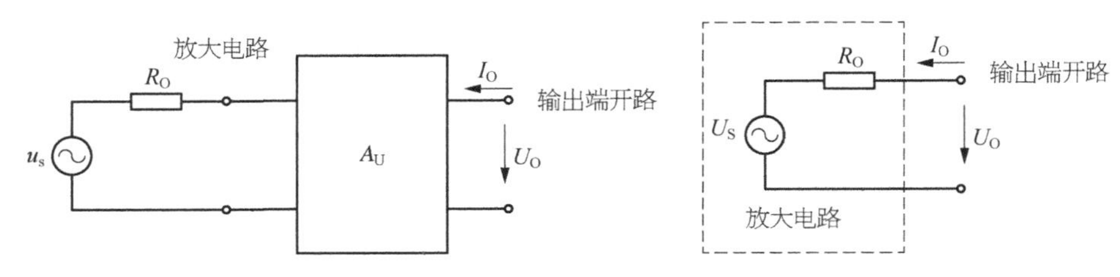

图 12 - 11　输出电阻等效电阻图

输出电阻是表明放大电路带负载的能力，一般来说(不考虑阻抗匹配)R_O 越小越好 R_O 越小，放大电路带负载的能力越强，反之则差。

3. 通频带

电路放大倍数变化在 3 dB 内的频率范围。如某电路的幅频特性曲线，如图 12 - 12 所示。A_m 是中频放大倍数。

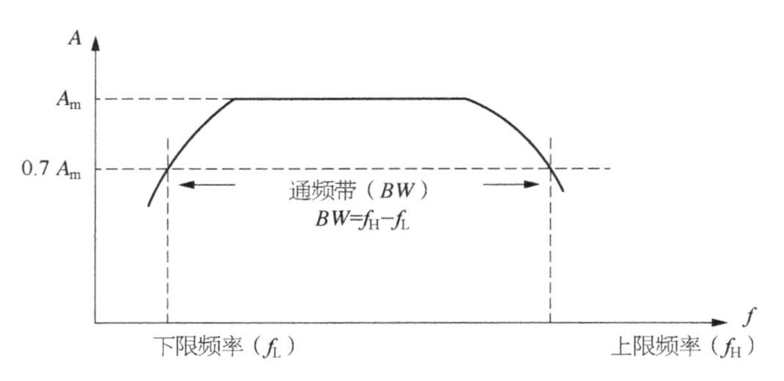

图 12 - 12　幅频特性曲线

4. 最大不失真输出幅度

(1) 理想工作状态如图 12 - 13 所示。

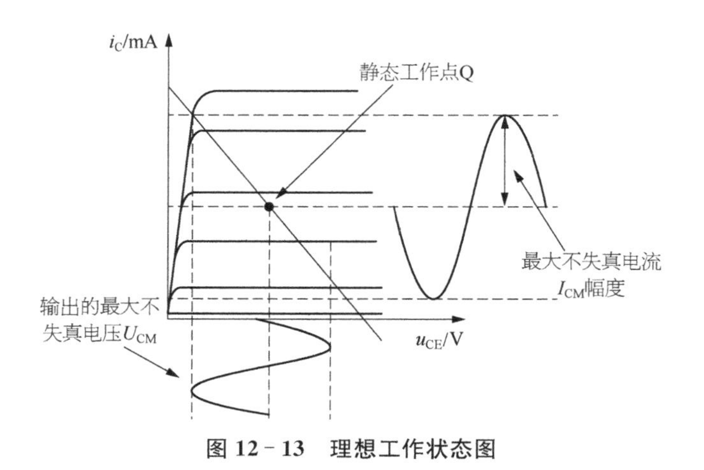

图 12 - 13　理想工作状态图

(2) 饱和失真如图 12 - 14 所示。

静态工作电流 I_{CQ} 偏大，引起饱和失真

$$I_{CM}=\frac{U_{CC}-U_{CEO}}{R_C}$$

$$U_{CM}=U_{CEQ}-U_{CES}$$

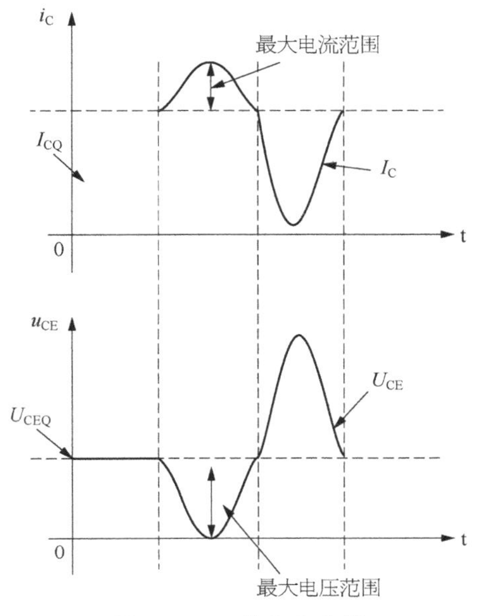

图 12-14　饱和失真图

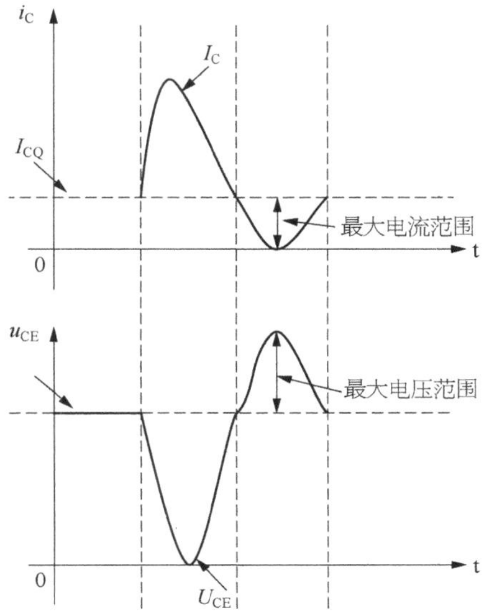

图 12-15　截止失真图

(3) 截止失真如图 12-15 所示。

静态工作电流 I_{CQ} 偏小,引起截止失真。

$$I_{CM}=\frac{U_{CC}-U_{CES}}{R_C}$$

$$U_{CM}=U_{CC}-U_{CEQ}$$

六、共发射极基本放大电路

1. 共发射极基本放大电路的组成

该电路组成如图 12-16 所示。

(1) 三极管 V 起放大作用。

(2) 偏置电路 V_{CC}、R_B 提供电源,并使三极管工作在线性区。

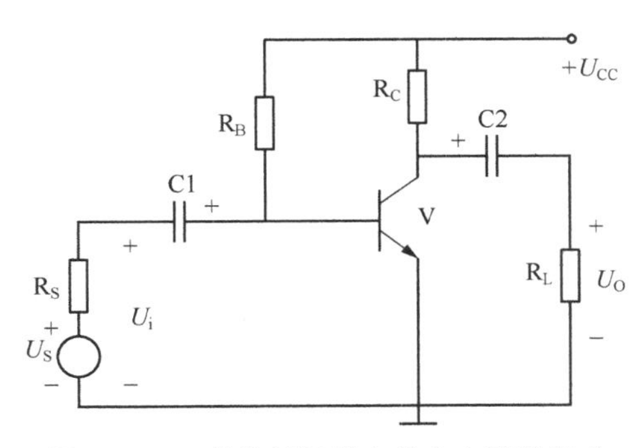

图 12-16　共发射极基本放大电路的组成

(3) 耦合电容器 C1、C2 输入耦合电容器 C1 保证信号加到发射结,不影响发射结偏置。输出耦合电容器 C2 保证信号输送到负载,不影响集电结偏置。

2. 静态工作点(直流工作状态)

静态工作点——$U_i=0$ 时电路的工作状态,如图 12-17 所示。

静态工作点(I_{BQ}, I_{CQ}, U_{CEQ}),如图 12-18 所示。

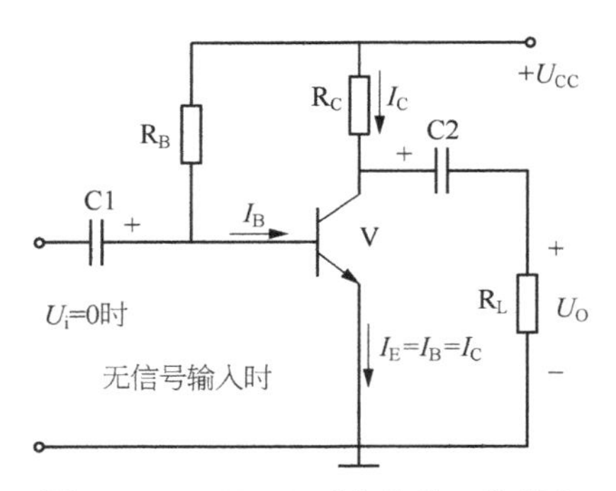

图 12-17 $U_i=0$ 时电路的工作状态

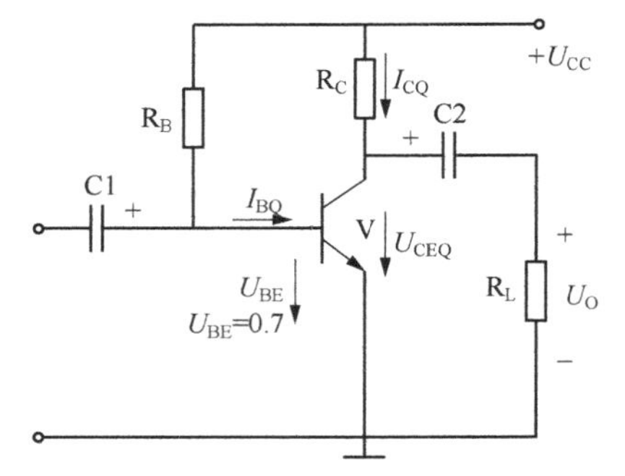

图 12-18 静态工作点(I_{BQ}, I_{CQ}, U_{CEQ})

放大电路建立正确的静态工作点,是为了使三极管工作在线性区,以保证信号不失真。

3. 静态工作点的估算

(1) 估算 I_{BQ}($U_{BE}\approx0.7$ V),R_B 称为偏置电阻,I_B 称为偏置电流。示意图与公式如图 12-19 所示。

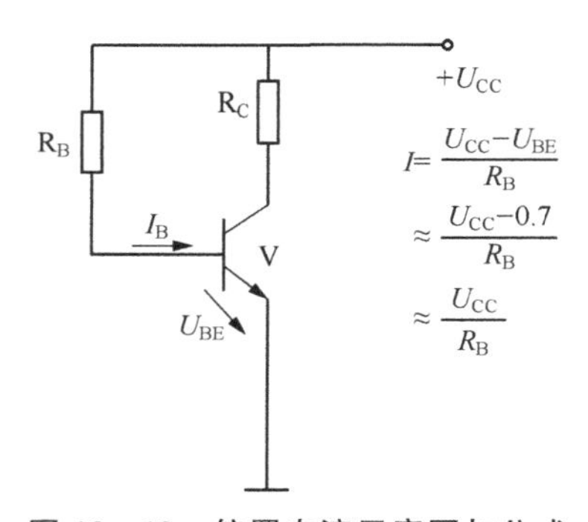

$$I=\frac{U_{CC}-U_{BE}}{R_B}\approx\frac{U_{CC}-0.7}{R_B}\approx\frac{U_{CC}}{R_B}$$

图 12-19 偏置电流示意图与公式

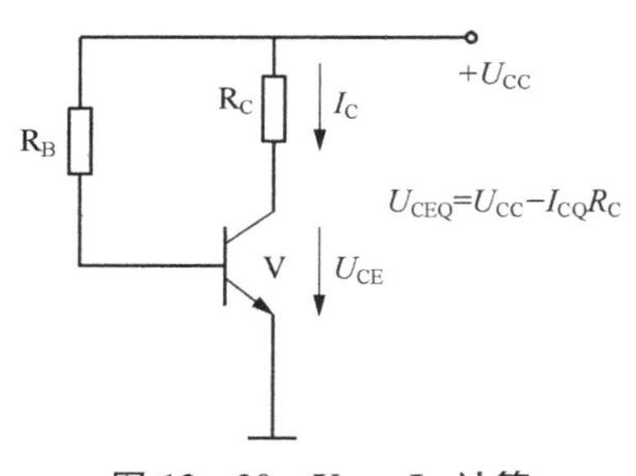

$$U_{CEQ}=U_{CC}-I_{CQ}R_C$$

图 12-20 U_{CE}、I_C 计算

(2) 估算 U_{CE}、I_C,如图 12-20 所示。

4. 输出波形

各点输出波形如图 12-21 所示。输出 U_O 与输入 U_i 相比,幅度被放大了,频率不变,但相位相反。

七、直流电源与三极管静态工作点的测量电路分析

直流电源与三极管静态工作点的测量电路(图 12-22)工作原理如下:220 V 交流电压经变压器降压后输出交流 12 V,整流二极管 V1 进行单相半波整流得到直流电压,电容器 C 滤波,限流电阻器 R1 和稳压管 V2 组成的稳压电路。三极管的基级电阻器 R2、三极管的集电极电阻器 R3 与三极管 9013 组成共发射极放大电路。电容器 C1、C2 在电路中起到隔直通交作用。

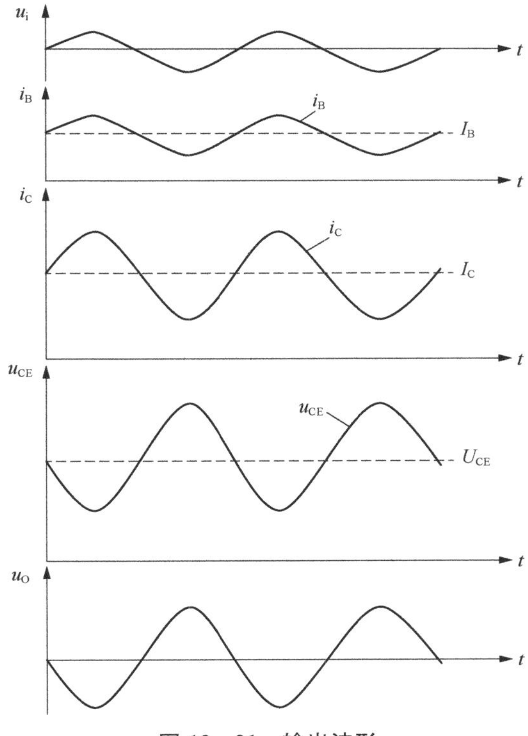

图 12-21　输出波形

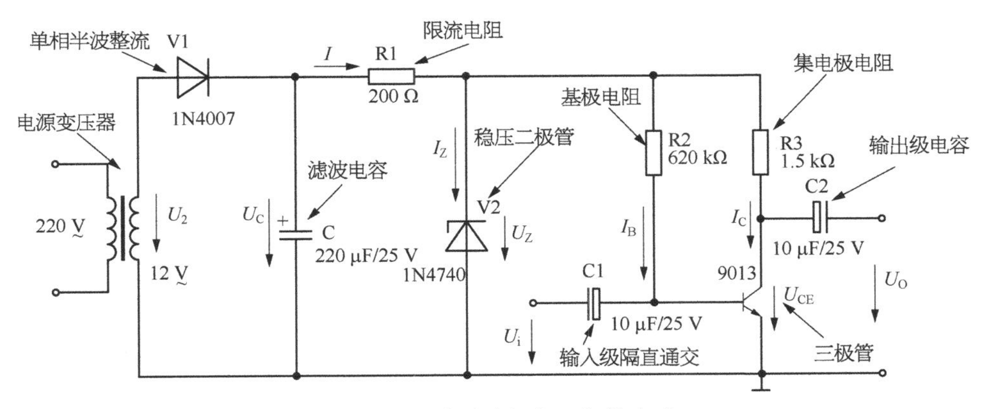

图 12-22　直流电源与三极管电路

技能训练

一、训练要求

(1) 用万用表测量二极管、三极管和电容，判断好坏。

(2) 根据课题的要求，按照电路图完成电子元件的安装，线路布局美观、合理。

(3) 按照要求进行线路调试，并测定电压、电流值。

(4) 技能考核时间：30 min。

二、训练内容

(1) 按直流电源与三极管静态工作点的测量电路元件明细表配齐元件，并检测筛选出技术参数合适的元件。

（2）按直流电源与三极管静态工作点的测量电路图进行安装，如遇故障自行排除。

（3）安装后，通电调试，并测量电压 U_2、U_C、U_Z 及测量三极管静态工作点电流 I_B、I_C 及静态电压 U_{CE}。

三、训练使用的设备、工具、材料

（1）专用电子印刷线路板。

（2）万用表。

（3）焊接工具。

（4）相关元器件。

（5）变压器(220 V/12 V)。

四、训练步骤

（1）根据图 12－23 配齐电路中所需的电子元件，清单见表 12－1。

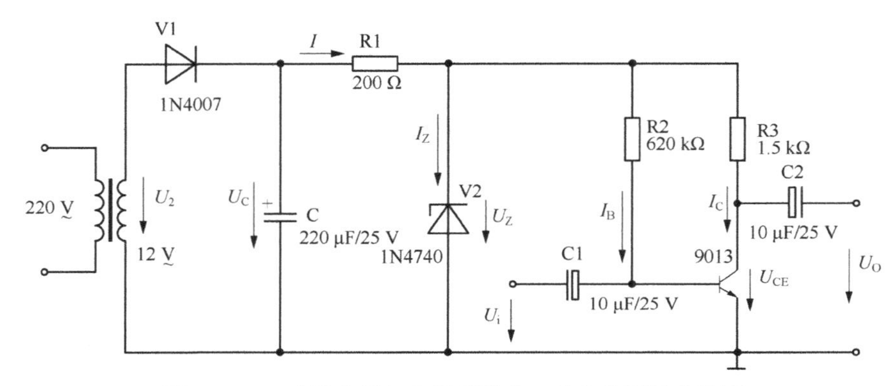

图 12－23　直流电源与三极管静态工作点的测量电路图

表 12－1　直流电源与三极管静态工作点的测量电路元件清单

序号	符号	名称	型号与规格	数量
1	V1	二极管	1N4007	1
2	V2	稳压管	1N4740	1
3	V3	三极管	9013	1
4	C	电容器	220 μF/25 V	1
5	C1	电容器	10 μF/25 V	1
6	C2	电容器	10 μF/25 V	1
7	R1	电阻器	200 Ω、1/2 W	1
8	R2	电阻器	620 kΩ、1/2 W	1
9	R3	电阻器	1.5 kΩ、1/2 W	1

（2）正确识别元件并使用万用表测试二极管、电容器、三极管的性能好坏，测量电阻。

（3）清除各元件引脚处的氧化层和空心铆钉的氧化层，将上述清除氧化层处搪锡。

（4）考虑元件在电路板上的布局，注意二极管、三极管、电容器极性及电阻。

（5）元件合理安置位置，并下焊（从左到右将元件焊在电路板上）。

（6）调试。

1）检查元件及背后连接线无误。

2）接通电源，万用表置为合适的交流电压挡测量输入交流电压 U_2，测量电压时万用表表笔与被测点并联。

3）用万用表直流电压挡测量电路中直流电压。万用表两表笔和被测电路或负载并联即可，注意红、黑表笔的放置位置（红表笔接＋，黑表笔接－）。电容器两端正常情况下输出电压（U_C）约为 16 V。若输出电压过小，说明滤波电容器脱焊或已经断路。

4）稳压二极管 V2 两端电压正常值为 10 V 之间。若电压为 16 V 左右，可能是稳压二极管路脱焊或已经断路；若电压为 0 V，可能是电阻器 R1 短路或稳压二极管短路。

5）电路中要求测量的 U_{CE} 是指三极管 C 脚（集电极）与 E 脚（发射极）之间电压。若电压为 0 V，可能是三极管损坏

6）测量直流电流 I_B（基极电流）时，将万用表的转换开关置于直流电流挡合适 μA 量程上一般实测在十几～几十 μA 左右。测量时必须先断开该部分被测电路，然后按照电流从“＋”到“－”的方向，将万用表串联到被测电路中，即电流从红表笔流入，从黑表笔流出。数字万用表测较小电流，用红表笔插在“mA”孔，黑表笔插在“COM”孔。

7）测量直流电流 I_C（集电极电流）时，将万用表的转换开关置于直流电流挡 mA 量程上，一般实测在几 mA 左右。测量时必须先断开该部分被测电路，然后按照电流从“＋”到“－”的方向，将万用表串联到被测电路中，即电流从红表笔流入，从黑表笔流出。测量电流时如果误将万用表与负载并联，则因表头的内阻很小，会造成短路烧毁仪表。

技能考核

（1）元件检测。

1）判断二极管的好坏________并选择原因________。

A. 好　　B. 坏　　C. 正向导通，反向截止

D. 正向导通，反向导通　　E. 正向截止反向截止

2）判断三极管的好坏________。

A. 好　　B. 坏

3）判断三极管的基极________。

A. 1 号脚为基极　　B. 2 号脚为基极　　C. 3 号脚为基极

4）判断电解电容器________。

A. 有充放电功能　　B. 开路　　C. 短路

（2）测量电压 U_2、U_C、U_Z 并填入下表中，测量三极管静态工作点电流 I_B、I_C 及静态电压 U_{CE} 并填入下表中。

U_2	U_C	U_Z	I_B	I_C	U_{CE}

（3）通过测量结果简述电路的工作原理，说明三极管是否有电流放大作用，静态工作点是否合适。

课题 13　单相桥式整流、RC 滤波电路的安装与调试

实训目的

（1）掌握单相桥式整流、RC 滤波电路工作原理。

（2）掌握单相桥式整流、RC 滤波电路元器件参数的选择。

（3）完成电路的安装、调试。

任务分析

能正确识别各种电子元件，正确判断使用场合，能利用仪器、仪表快速对元件性能进行判断。通过焊接完成电路的安装，使用仪表检测电路各点电压、电流。

基础知识

一、复合滤波电路

LC、CLC 型滤波电路[如图 13－1(a)、图 13－1(b)所示]适用于负载电流较大、要求输出电压脉动较小的场合。在负载电流较小时，经常采用电阻器替代笨重的电感器，构成 CRC 型滤波电路如图 13－1(c)所示，这样同样可以获得脉动很小的输出电压。但电阻对交、直流均有压降和功率损耗，故只适用于负载电流较小的场合。

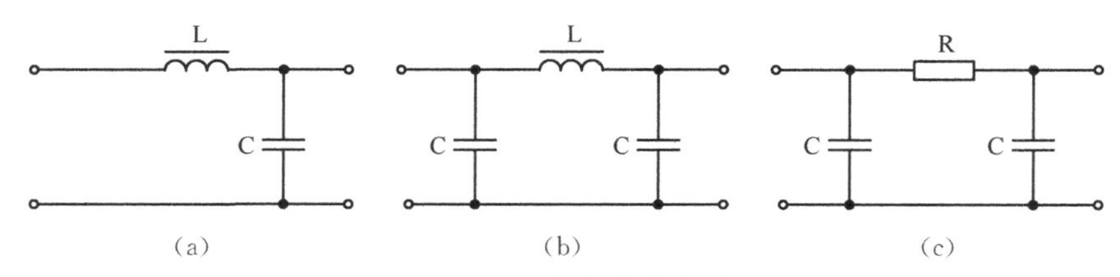

图 13－1　复合滤波电路

(a)LC 滤波电路；(b)CLC 滤波电路；(c)CRC 滤波电路

二、单相桥式整流、RC 滤波电路工作原理分析

单相桥式整流、RC 滤波电路(图 13－2)工作原理如下：220 V 交流电压经变压器降压后输出交流 12 V，经整流二极管 V_1—V_4 组成单相桥式整流后得到直流电压，电容器 C_1、C_2 组成 CRC 型滤波电路获得脉动很小的输出电压。调节可变电阻器 RP 可以改变输出电流大小，当输出电流增大时可变电阻器 RP 两端的输出电压随之减小，反之则增大。

技能训练

一、训练要求

（1）用万用表测量二极管、电阻器和电容器，判断好坏。

（2）根据课题的要求，按照电路图完成电子元件的安装，线路布局美观、合理。

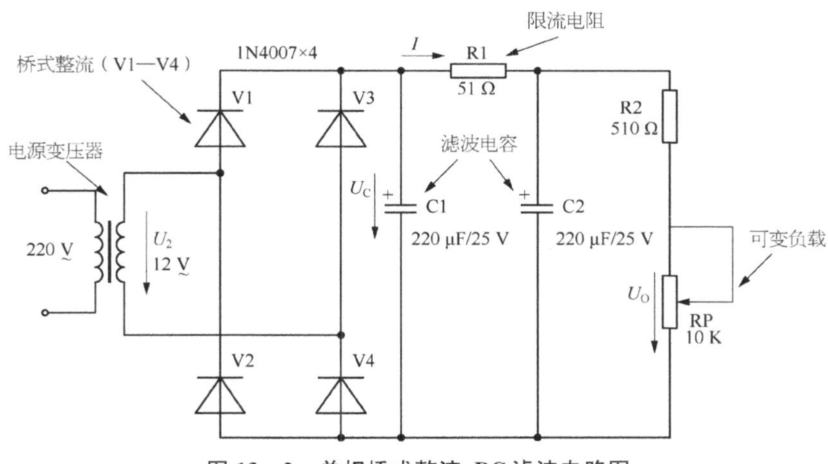

图 13 - 2　单相桥式整流、RC 滤波电路图

（3）按照要求进行线路调试，并测量电压及电流值。

（4）技能考核时间：30 min。

二、训练内容

（1）按单相桥式整流、RC 滤波电路的元件明细表配齐元件，并检测筛选出技术参数合适的元件。

（2）按单相桥式整流、RC 滤波电路进行安装，如遇故障自行排除。

（3）安装后，通电调试，并测量电压及电流值。

三、训练使用的设备、工具、材料

（1）专用电子印刷线路板。

（2）万用表。

（3）焊接工具。

（4）相关元器件。

（5）变压器(220 V/12 V)。

四、训练步骤

（1）根据图 13 - 3 配齐电路中所需的电子元件，清单见表 13 - 1。

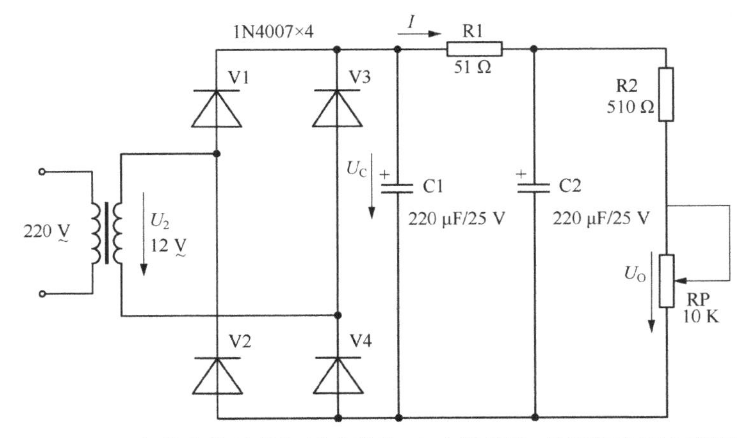

图 13 - 3　负载变化的单相桥式整流、电容器滤波、稳压管稳压电路图

表 13-1　单相桥式整流、RC 滤波电路元件清单

序号	符号	名称	型号与规格	数量
1	V1	二极管	1N4007	1
2	V2	二极管	1N4007	1
3	V3	二极管	1N4007	1
4	V4	二极管	1N4007	1
5	V5	稳压二极管	1N4740	1
6	C1	电容器	220 μF/25 V	1
7	C2	电容器	220 μF/25 V	1
8	R1	电阻器	51 Ω、1/2 W	1
9	R2	电阻器	510 Ω、1/2 W	1
10	RP	可变电阻器	WH05-10 kΩ	1

(2) 正确识别元件并使用万用表测试二极管、电容器的性能好坏，测量电阻。

(3) 清除各元件引脚处的氧化层和空心铆钉的氧化层，将上述清除氧化层处搪锡。

(4) 考虑元件在电路板上的布局，注意二极管、电容器极性及电阻。

(5) 元件合理安置位置，并下焊(从左到右将元件焊在电路板上)。

(6) 调试，可参考课题 11。

技能考核

(1) 元件检测。

1) 判断二极管的好坏________并选择原因________。

A. 好　　B. 坏　　C. 正向导通，反向截止

D. 正向导通，反向导通　　E. 正向截止反向截止

2) 判断三极管的好坏________。

A. 好　　B. 坏

3) 判断三极管的基极________。

A. 1 号脚为基极　　B. 2 号脚为基极　　C. 3 号脚为基极

4) 判断电解电容器________。

A. 有充放电功能　　B. 开路　　C. 短路

(2) 把输出电流调到 8 mA，测量在下列各种故障情况下的输出电压，通过测量结果说明为什么有这样的故障现象。

故障点	输出电压
断开一个二极管	
断开滤波电容器	
断开一个二极管及滤波电容器	

课题 14　电池充电器电路的安装与调试

实训目的

(1) 掌握电池充电器电路工作原理。

(2) 掌握电池充电器电路元器件参数的选择。

(3) 完成电路的安装、调试。

任务分析

能正确识别各种电子元件,正确判断出使用场合,能利用仪器、仪表快速对元件性能进行判断。通过焊接完成电路的安装,使用仪表检测电路各点电压、电流。

基础知识

电池大体上可分为三类。

第一类:按电解液种类划分,包括碱性电池(电解质主要以氢氧化钾水溶液为主的电池),如碱性锌锰电池(俗称碱锰电池或碱性电池)、镍镉电池、镍氢电池等;酸性电池,主要以硫酸水溶液为介质,如铅酸蓄电池;中性电池,以盐溶液为介质,如锌锰干电池、海水激活电池等;有机电解液电池,主要以有机溶液为介质的电池,如锂电池、锂离子电池等。

第二类:按工作性质和贮存方式划分,包括一次电池,又称原电池,即不能再充电的电池,如锌锰干电池、锂原电池等;二次电池,即可充电电池,如镍氢电池、锂离子电池、镍镉电池等;蓄电池,习惯上指铅酸蓄电池,也是二次电池;燃料电池,即活性材料在电池工作时连续不断地从外部加入电池,如氢氧燃料电池等;贮备电池,即电池贮存时不直接接触电解液,直到电池使用时,才加入电解液,如镁-氯化银电池(海水激活电池)等。

第三类:按电池所用正、负极材料划分,包括锌系列电池,如锌锰电池、锌银电池等;镍系列电池,如镍镉电池、镍氢电池等;铅系列电池,如铅酸电池等;锂系列电池,如锂镁电池等;二氧化锰系列电池,如锌锰电池、碱锰电池等;空气(氧气)系列电池,如锌空电池等。

一、镍镉电池

镍镉(NiCd)电池自 19 世纪末发明,于 1960 年实用化,现广泛用于消防、家用电器、办公机器、通信设备和电动工具等领域。镍镉电池正极板上的活性物质由氧化镍粉和石墨粉组成,石墨粉不参加化学反应,其主要作用是增强导电性。负极板上的活性物质由氧化镉粉和氧化铁粉组成,氧化铁粉的作用是使氧化镉粉有较高的扩散性,防止结块,并增加极板的容量。活性物质分别包在穿孔钢带中,加压成型后即成为电池的正负极板。极板间用耐碱的硬橡胶绝缘棍或有孔的聚氯乙烯瓦楞板隔开。电解液通常用氢氧化钾溶液。镍镉电池可重复 500 次以上的充放电,经济耐用。其内部抵制力小,即内阻很小,可快速充电,又可为负载提供大电流,而且放电时电压变化很小,是一种非常理想的直流供电电池。它的单体有圆筒形(图 14 - 1)、纽扣形、硬币形和方形 4 种,单体电压 1.2 V 左右,也可应用户需要将直列式的多枚电池连接起来放在收缩性树脂、成型树脂中应用。

图 14－1　镍镉电池

电池的额定容量指在一定放电条件下，电池放电至截止电压时放出的电量。IEC 标准规定镍镉电池和镍氢电池在 20±5℃环境下，以 0.1C 充电 16 h 后以 0.2C 放电至 1.0 V 时所放出的电量为电池的额定容量，容量单位有 Ah、mAh。与其他电池相比，镍镉电池的自放电率（即电池不使用时失去电荷的速率）适中。镍镉电池在使用过程中，如果放电不完全就又充电，下次再放电时，就不能放出全部电量。

二、电池充电器电路工作原理分析

镍镉电池充电器电路（图 14－2）工作原理如下：220 V 交流电压经变压器降压后输出交流 4.3 V 经整流二极管 V1 或 V2 半波整流，分别对电池 G1、G2 充电。发光二极管 V3、V4 为充电指示灯，由电阻器 R1、R2 进行分流。

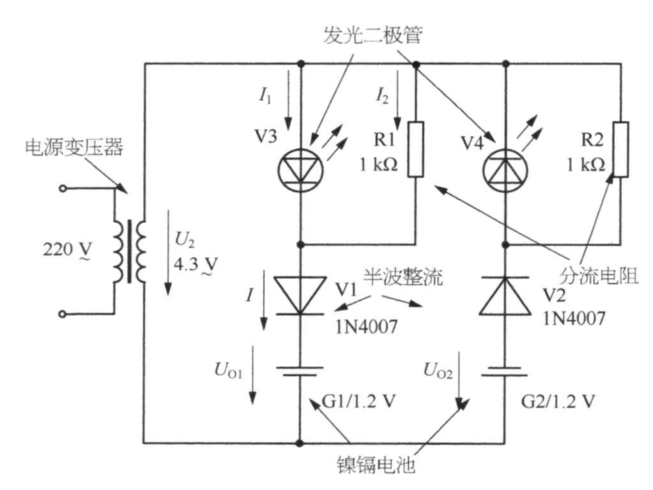

图 14－2　电池充电器电路图

半波整流电回路中只有一个二极管，其导通电阻较小，全波整流回路中有两个二极管，两个二极管的导通电阻比一个二极管要大。在充电回路中的电阻越大，充电速度越慢。所以半波整流充电器充电比全波速度快。

技能训练

一、训练要求

（1）用万用表测量二极管、三极管和电容器，判断好坏。

（2）根据课题的要求，按照电路图完成电子元件的安装，线路布局美观、合理。

（3）按照要求进行线路调试，并测量电压及电流值。

（4）技能考核时间：30 min。

二、训练内容

（1）按镍镉电池充电器电路的元件明细表配齐元件，并检测筛选出技术参数合适的元件。

（2）按镍镉电池充电器电路进行安装，如遇故障自行排除。

(3) 安装后，通电调试，并测量电压及电流值。

三、训练使用的设备、工具、材料

(1) 专用电子印刷线路板。

(2) 万用表。

(3) 焊接工具。

(4) 相关元器件。

(5) 变压器(220 V/4.3 V)。

四、训练步骤

(1) 根据图 14－3 配齐电路中所需的电子元件，清单见表 14－1。

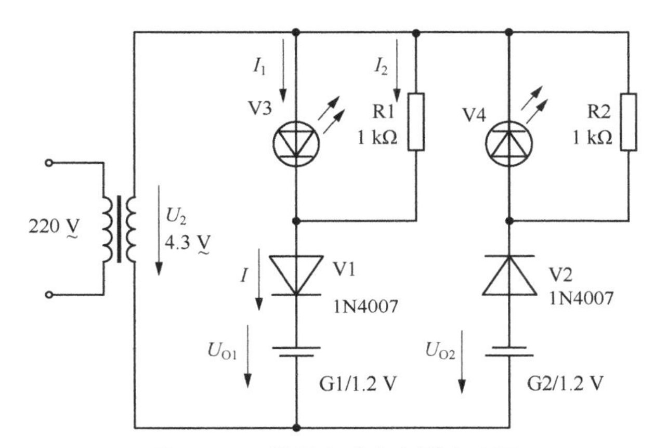

图 14－3　镍镉电池充电器电路图

表 14－1　镍镉电池充电器电路元件清单

序号	符号	名称	型号与规格	数量
1	V1	二极管	1N4007	1
2	V2	二极管	1N4007	1
3	V3	发光二极管	5 mm LED	1
4	V4	发光二极管	5 mm LED	1
5	R1	电阻器	1 kΩ、1/2 W	1
6	R2	电阻器	1 kΩ、1/2 W	1
7	G1	电池	NiCd AA 1.2 V	1
8	G2	电池	NiCd AA 1.2 V	1

(2) 正确识别元件并使用万用表测试二极管、电容器的性能好坏，测量电阻。

(3) 清除各元件引脚处的氧化层和空心铆钉的氧化层，将上述清除氧化层处搪锡。

(4) 考虑元件在电路板上的布局，背后连接导线走直线，连接线之间不能跨越。

(5) 元件置于图示位置，并下焊(从左到右将元件焊在电路板上)。

(6) 调试。

1) 检查元件及背后连接线有无错误。

2）接通电源，万用表置为合适的交流电压挡测量输入交流电压，测量电压时万用表表笔与被测点并联。

3）用万用表直流电压挡测量电路中各点直流电压，注意红、黑表笔的放置位置（红表笔接＋，黑表笔接－）。

4）测量直流电流时，将万用表的一个转换开关置于直流电流挡合适量程上，电流的量程选择和读数方法与电压一样。测量时必须先断开该部分被测电路，然后按照电流从“＋”到“－”的方向，将万用表串联到被测电路中，即电流从红表笔流入，从黑表笔流出。测量电流时如果误将万用表与负载并联，则因表头的内阻很小会造成短路烧毁仪表。数字万用表测较小电流，用红表笔插在“mA”孔，黑表笔插在“COM”孔。

技能考核

（1）元件检测。

1）判断二极管的好坏________并选择原因________。

A. 好　　B. 坏　　C. 正向导通，反向截止

D. 正向导通，反向导通　　E. 正向截止反向截止

2）判断三极管的好坏________。

A. 好　　B. 坏

3）判断三极管的基极________。

A. 1号脚为基极　　B. 2号脚为基极　　C. 3号脚为基极

4）判断电解电容器________。

A. 有充放电功能　　B. 开路　　C. 短路

（2）测量变压器次级电压 U_2、电池两端的电压为 U_{O1} 及电池充电电流 I、发光二极管电流 I_1 及电阻器上的电流 I_2，填入下表中。

U_2	U_{O1}	I	I_1	I_2

（3）通过测量结果简述电路的工作原理。

课题15 三相异步电动机连续与点动混合控制线路的安装与调试

实训目的

(1) 掌握低压电器的工作原理及选配原则。
(2) 掌握电气国家标准的图形符号与文字符号。
(3) 能熟练使用常用电工工具,完成三相异步电动机连续与点动混合控制线路的安装、调试。
(4) 能处理电气控制线路中的故障。
(5) 能执行电气安全操作规程。

任务分析

掌握电气控制原理,能正确选择合适的低压控制电器,根据电气控制电路图进行安装、调试。遇到电气故障能分析故障原因并利用仪表快速进行判断、修复。

基础知识

一、电气原理图的绘制规则

1. 电路图

电路图一般有主电路和辅助电路两部分,所使用的各元件必须按照国家标准进行绘制和标注;各元件的导电部分如线圈和触点的位置,应根据便于阅读和分析的原则来安排,绘在它们完成作用的地方;所有元件的触点符号都应按照没有通电时或没有外力作用下的原始状态绘制;图面应标注出各功能区域和检索区域;根据需要可在电路图中各接触器或继电器线圈的下方,绘制出所对应触点的位置符号图。

2. 电气原理图

电气原理图一般有主电路和辅助电路(控制电路)两部分,主电路画在原理图的左侧,其连接线路用粗实线绘制;控制电路画在原理图的右侧,其连接线路用细实线绘制;电气原理图中所有元件都应按照国家标准进行绘制和标注。控制系统内的全部电动机、元件和其他器件的带电部件,都应在原理图中表示出来。

原理图中,各个元件及其部件在控制线路中的位置,应根据便于阅读的原则安排。同一元件的各个部件可以不绘制在一起。例如,接触器、继电器的线圈和触点可以不绘制在一起。图中元件、器件和设备的可动部分,都按没有通电和没有外力作用时的开闭状态绘制。例如,继电器、接触器的触点,按吸引线圈不通电状态绘制;主令控制器、万能转换开关按手柄处于零位时的状态绘制;按钮、行程开关的触点按不受外力作用时的状态绘制等。

电气原理图中,有直接联系的交叉导线连接点要用黑圆点表示;无直接联系的交叉导线连接点不画黑圆点。

每个元件及其部件用规定的图形符号表示,且每个元件有一个专属文字符号。属于同一个元件的各个部件采用同一文字符号表示。

为了看图方便,电路应按动作顺序和信号流自左向右的原则绘制。

二、元件位置图的绘制规则

位置图用来表示成套装置、设备中各个项目的位置。例如，图 15－1 为某机床元件位置图，图中详细地绘制出了电气设备中每个元件的相对位置，图中各元件的文字代号必须与相关电路图中元件的代号相同。

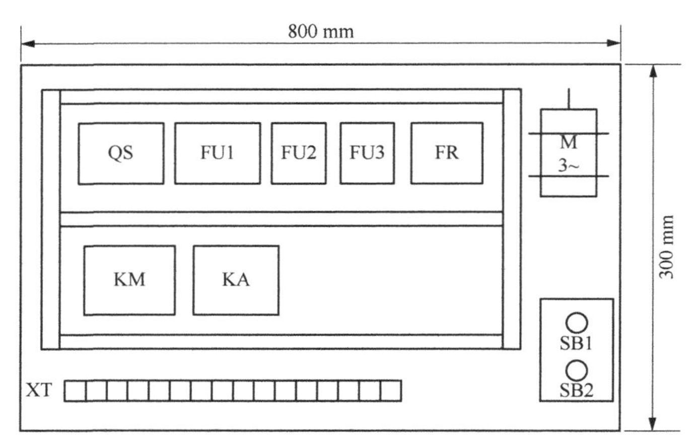

图 15－1　元件位置图

位置图中体积大和较重的元件应安装在电器板的下面，而发热元件应安装在电器板的上面；强电弱电分开并注意屏蔽，防止外界干扰；元件的布置应考虑整齐、美观、对称。外形尺寸与结构类似的元件安放在一起，以利加工、安装和配线；需要经常维护、检修、调整的元件安装位置不宜过高或过低；元件布置不宜过密，若采用板前走线槽配线方式，应适当加大各排电器间距，以利布线和维护。

三、元件安装接线图的绘制规则

接线图是电气装备进行施工配线、敷线和校线工作时所应依据的图样之一，它必须符合电器装备的电路图的要求，并清晰地表示出各个元件和装备的相对安装与敷设位置，以及它们之间的电连接关系。接线图还是检修和查找故障时所需的技术文件，如图 15－2 所示。在国家标准 GB 6988. 5—86《电气制图、接线图和接线表》中详细规定了编制接线图的规则。

(1) 各元件用规定的图形符号绘制，同一元件的各部件必须画在一起。各元件在图中的位置应与实际的安装位置一致。

(2) 不在同一控制柜或配电屏上的元件的电气连接必须通过端子排进行连接。各元件的文字符号及端子排的编号应与原理图一致，并按原理图的连线进行连接。

(3) 走向相同的多根导线可用单线表示。

四、线路和三相电气设备端标记原则

(1) 线路采用字母、数字、符号及其组合标记。

(2) 三相交流电源采用 L1、L2、L3 标记，中性线采用 N 标记。电源开关之后的三相交流电源主电路分别按 U、V、W 顺序标记。

(3) 分级三相交流电源主电路采用三相文字代号 U、V、W 前加上阿拉伯数字 1、2、3 等来标记如：1 U、1 V、1 W 及 2U、2 V、2 W 等。

(4) 控制电路采用阿拉伯数字编号，一般由三位或三位以下的数字组成。标记方法按“等电位”原则进行。

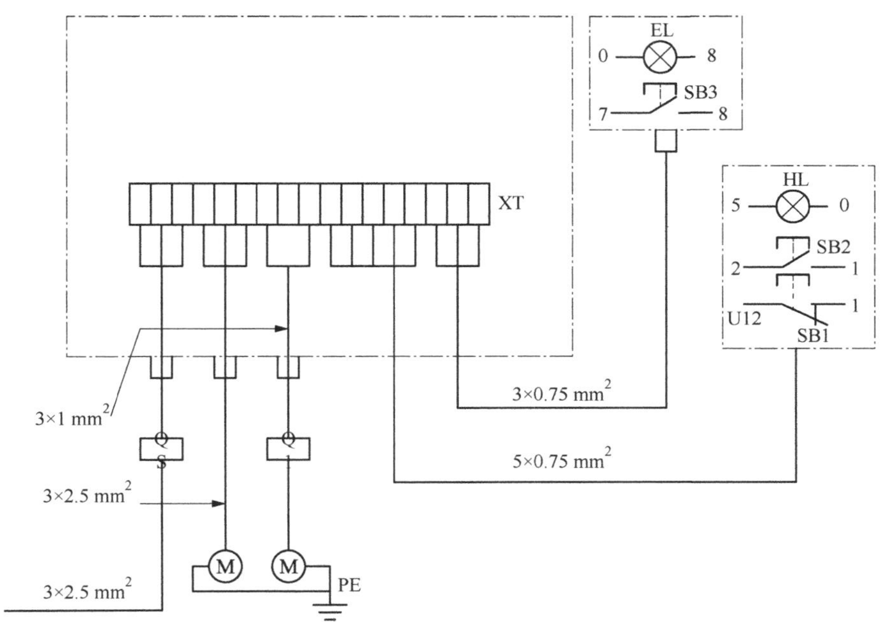

图 15－2　元件安装接线图

(5) 在垂直绘制的电路中，标号顺序一般由上至下编号；凡是被线圈、绕组、触点或电阻器、电容器等元件所间隔的线段，都应标以不同的阿拉伯数字来作为线路的区分标记。

五、电气原理图的阅读方法

机床电气原理图是用来表明机床电气的工作原理及各元件的作用，以及各元件之间的关系的一种表示方式。掌握了阅读电气原理图的方法和技巧，对于分析电气线路，排除机床电路故障是十分有益的。机床线路电气原理图一般由主电路、控制电路、保护、配电电路等几部分组成。阅读方法如下。

1. 主电路的阅读

阅读主电路时，应首先了解主电路中有哪些用电设备，各起什么作用，受哪些电器的控制，工作过程及工作特点是什么(如电动机的启动、制动方式、调速方式等)。然后再根据生产工艺的要求了解各用电设备之间的联系。在充分了解主电路的控制要求及工作特点的基础上，再阅读控制电路图(如各电动机启动、停止的顺序要求、联锁控制及动作顺序控制的要求等)。

2. 控制电路的阅读

控制电路一般是由开关、按钮、接触器、继电器的线圈和各种辅助触点构成，无论简单或复杂的控制电路，一般均是由各种典型电路(如延时电路、联锁电路、顺控电路等)组合而成，用以控制主电路中受控设备的“启动”“运行”“停止”使主电路中的设备按设计工艺的要求正常工作。对于简单的控制电路，只要依据主电路要实现的功能，结合生产工艺要求及设备动作的先、后顺序仔细阅读，依次分析，就可以理解控制电路的内容。对于复杂的控制电路，要按各部分所完成的功能，分割成若干个局部控制电路，然后与典型电路相对照，找出相同之处，本着先简后繁、先易后难的原则逐个理解每个局部环节，再找到各环节的相互关系，综合起来从整体上全面地做一个分析，就可以将控制电路所表达的内容读懂。

3. 保护、配电线路的阅读

保护电路的构成与控制电路基本相同，其功能主要是根据电气原理图要达到的工艺要求，避免设备出现故障时可能造成的损伤事故。阅读时在图纸上找到相应的保护措施及保护原理,然后找出与控制电路的联系加以理解,这样就能掌握电路的各种保护功能。最后再读阅配电电路的信号指示,工作照明,信号检测等方面的电路。

当然,对于某些机械、电气、液压配合较紧密的机床设备,只靠电气原理图是不可能全部理解其控制过程的,还应充分了解有关机械传动,液压传动及各种操纵手柄的作用,才可以清楚全部的工作过程。此外,只有在阅读了一定量的机床线路图的基础上,才能熟练、准确地分析电气原理图。

六、三相异步电动机单向运行点动控制线路分析

为实现电动机的点动运转,可采用如图 15－3 所示的三相异步电动机单向运行点动控制线路。这种线路的主电路采用在三相电动机启动时将电源电压全部加在定子绕组上的启动方式,称为全压启动,也称为直接启动。

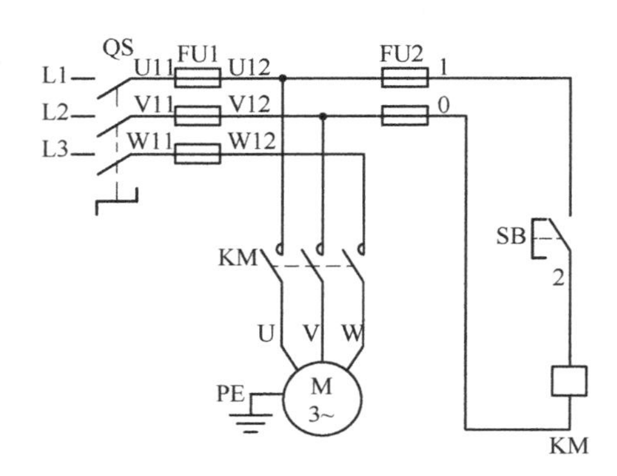

图 15－3　三相异步电动机单向运行点动控制线路图

全压启动时,电动机的启动电流可达电动机额定电流的 4～7 倍。容量较大的电动机的启动电流对电网具有很大的冲击,将严重影响其他用电设备的正常运行。因此,全压启动方式主要应用于小容量电动机的启动。一般地说,容量在 7.5 kW 以下的小容量鼠笼式异步电动机都可全压启动。

三相异步电动机全压启动有些情况下是可行的,而下面两种情况下是不可行的:①变压器与电动机容量之比不足够大;②启动转矩不能满足要求。

不能全压启动的第①种情况下需要减小启动电流,第②种情况下需要加大启动转矩。

即启动必须满足的条件是:启动电流要足够小;启动转矩要足够大。

线路工作原理:控制电路中加入启动按钮 SB,实现了电路的点动工作。

先合上电源开关 QS

启动:按下按钮 SB→KM 线圈得电→KM 主触点闭合→电动机 M 启动运转。

停止:松开按钮 SB→KM 线圈失电→KM 主触点分断→电动机 M 失电停转。

七、三相异步电动机单向运行自锁控制线路分析

为实现电动机的连续运转,可采用如图 15－4 所示的三相异步电动机单向运行自锁控制线路。这种线路的主电路和点动控制线路的主电路相同,控制电路中多串联了一个停止按钮 SB1,在启动按钮 SB2 的两端并联了接触器 KM 的一对常开辅助触点,实现了电路的连续工作。

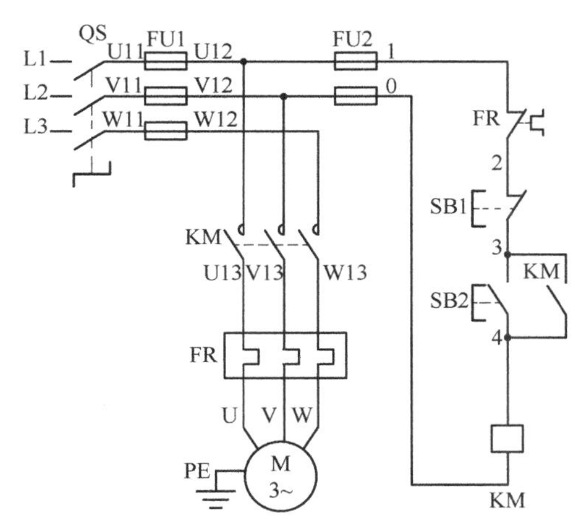

图 15－4　三相异步电动机单向运行自锁控制线路图

自锁控制是将接触器 KM 的一个常开辅助触点并联在启动按钮 SB2 的两端。常开辅助触点称为“自锁”触点，而触点上、下端子的连线称为“自锁线”。具有接触器自锁的控制线路，还有一个重要的功能是：对负载（电动机等）具有欠压和失压（零压）保护作用。

合上电源开关 QS，线路工作原理如下

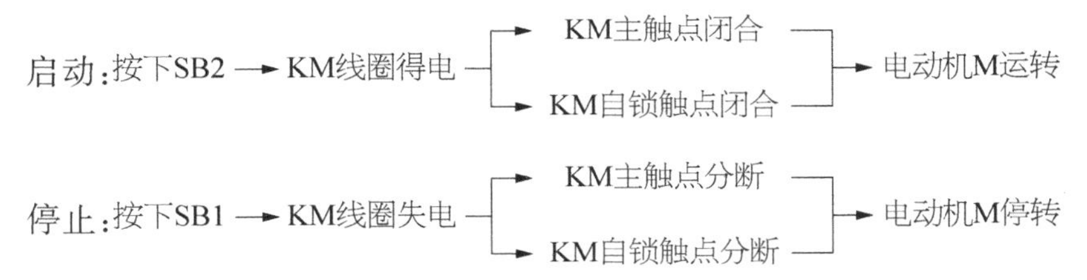

八、三相异步电动机连续与点动混合控制线路分析

为实现电动机的连续与点动混合控制，可采用如图 15－5 所示的三相异步电动机单向运行连续与点动混合控制。这种线路的主电路和点动控制线路的主电路相同，控制电路中利用中间继电器来实现控制，在启动按钮 SB2 的两端并联了中间继电器 KA 的一对常开辅

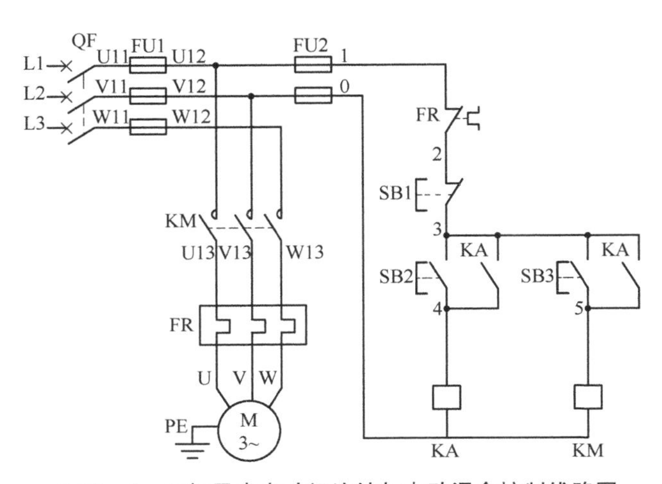

图 15－5　三相异步电动机连续与点动混合控制线路图

助触点实现了中间继电器 KA 连续工作，KA 的另一对常开辅助触点闭合后实现了接触器 KM 连续工作，从而达到电路的连续工作目的。启动按钮 SB3 则完成对接触器 KM 的点动控制。

合上电源开关 QF，线路工作原理如下。

1. 连续工作

按下SB2 → KA线圈得电 → KA常开触点闭合 → KM线圈得电 → KM主触点闭合 → 电动机M连续运转
　　　　　　　　　　　→ KA自锁触点闭合

按下SB1 → KA线圈失电 → KA常开触点分断 → KM线圈失电 → KM主触点分断 → 电动机M失电停转

2. 点动工作

按下SB3 → KM线圈得电 → KM主触点闭合 → 电动机M点动运转

松开SB3 → KM线圈失电 → KM主触点分断 → 电动机M失电停转

技能训练

一、训练要求

(1) 根据课题的要求，按照图 15－5 中的三相异步电动机连续与点动混合控制线路图完成电路安装，线路布局美观、合理。

(2) 按照线路工作原理进行调试。

(3) 书面分析 2 个问题。

(4) 技能考核时间：60 min。

二、训练内容

(1) 根据给定的设备和仪器仪表，在规定时间内完成接线、调试、运行，达到规定的要求。

(2) 能用仪表测量调整和选择元件。

(3) 板面导线经线槽敷设，线槽外导线须平直，各节点必须紧密，接电源、电动机及按钮等的导线必须通过接线柱引出，并有保护接地或接零。

(4) 装接完毕后，经允许后方可通电试车，如遇故障自行排除。

(5) 按照完成的工作是否达到了全部或部分要求，由指导教师按评分标准进行评分。须在规定的时间内完成。

三、训练使用的设备、工具、材料

(1) 电工常用工具、万用表。

(2) 控制板。

(3) 主电路采用 BV1/1.37 mm^2 铜塑线，控制电路采用 BV1/1.13 mm^2 铜塑线，按钮线采用 BVR7/0.75 mm^2 多股软线。

(4) 三相电动机。

四、训练步骤

(1) 根据图 15－5 配齐电路中所需的电控元件，清单见表 15－1。

表 15-1　电控元件明细表

代号	名称	型号	规格	数量
M	三相异步电动机	80YS25DY38-X	25 W，380 V，星形接法	1
QF	电源开关	5SU93461CR16	三级额定电流 16 A	1
FU1	熔断器	RT18-32 3P	配熔体额定电流 4 A	1
FU2	熔断器	RT18-32 2P	配熔体额定电流 2 A	1
KM	交流接触器	3TF4022-0X	线圈额定电压 380 V	1
KA	中间继电器	3TH8022-44E	线圈额定电压 380 V	1
FR	热过载继电器	3UA5940-0J	整定电流 0.63～1 A	1
SB1	按钮	ZB2BA4C	ZB2BE101C 带触点基座	1
SB2	按钮	ZB2BA3C	ZB2BZ101C 带触点基座	1
SB3	按钮	ZB2BA2C	ZB2BZ101C 带触点基座	1
	导线		主电路采用 BV1/1.37 mm^2 铜塑线 控制电路采用 BV1/1.13 mm^2 铜塑线 按钮线采用 BVR7/0.75 mm^2 多股软线	若干
	端子板	JT8-2.5		1

（2）元件安装：元件的安装位置应整齐、均匀，间隔合理便于元件的更换。紧固元件时，用力要均匀，紧固程度适当。

（3）布线：进行线路布置和号码管的编套。线路安装应遵循由内到外、横平竖直的原则；尽量做到合理布线、就近走线；编码正确、齐全；接线可靠，不松动、不压皮、不反圈、不损伤线芯。

（4）检查线路正确性：安装完毕的控制线路板，必须经过认真检查以后，才允许通电试车，以防止错接、漏接造成不能正常工作或短路事故。检查时，应选用倍率适当的电阻挡，并进行校零。对控制电路的检查（可断开主电路），可将表笔分别搭在 1、0 线端上，读数应为“∞”。按下启动按钮时，读数应为接触器线圈的冷态直流电阻（500 Ω～2 kΩ）。然后断开控制电路再检查主电路有无开路或短路现象，此时可用手动操作来代替接触器通电进行检查。模拟热继电器保护动作，测量电阻应为“∞”。

（5）连接接地保护装置，电动机的金属外壳必须可靠接地。

（6）连接电源、电动机等控制板外的导线。

（7）调试：具体调试步骤可参照三相异步电动机连续与点动混合控制线路工作原理。

技能考核

（1）完成三相异步电动机连续与点动混合控制线路安装、调试。

（2）按线路图书面回答问题。

1）试说明电路中 SB2 和 SB3 按钮的作用。

2）如果电路出现只有点动没有连续控制，试分析产生该故障在接线方面的可能原因。

课题16 两台电动机顺序启动、顺序停转控制线路的安装与调试

实训目的

（1）掌握两台电动机顺序启动、顺序停转控制线路工作原理。

（2）能熟练使用常用电工工具，完成两台电动机顺序启动、顺序停转控制线路的安装、调试。

（3）能处理电气控制线路中的故障。

（4）能执行电气安全操作规程。

任务分析

掌握电气控制原理，能正确选择合适的低压控制电器，根据电气控制电路图进行安装、调试。遇到电气故障能分析故障原因并利用仪表快速进行判断、修复。

基础知识

一、按顺序工作时的联锁控制

在生产实践中，常要求各种机械运动部件之间或生产机械之间能够按照设定的时间先后次序或者启动的先后顺序工作。这种工作形式简称为按顺序工作。

例如车床主轴转动时，要求油泵先输送润滑油，主轴停止运转后油泵方可停止润滑。其控制线路主要有：顺序启动、同时停止；顺序启动、顺序停止；顺序启动、逆序停止等几种控制线路。

顺序启动、停止控制线路应遵循的规律：将控制电动机优先启动的接触器的常开触点串联在控制稍后启动的电动机的接触器线圈电路中，再用若干个停止按钮控制电动机的停止顺序，或者是将要先停止的接触器的常开触点与需要后停止的接触器的停止按钮并联即可。

由图16－1顺序工作时的联锁控制分析可知：

（1）当要求第一启动的接触器KM1工作后方允许第二启动的接触器工作时，则在第二启动的接触器KM2线圈电路中串入第一启动的接触器KM1的动合触点；

（2）当要求第二启动的接触器KM2线圈断电后方允许第一启动的接触器KM1线圈断电，则将第二启动的接触器KM2的动合触点并联在第一启动的接触器KM1的停止按钮两端。

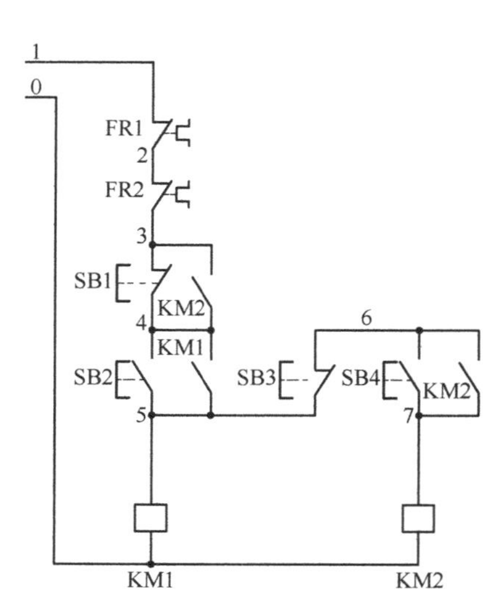

图16－1 顺序工作时的联锁控制

二、两台电动机顺序启动、顺序停转控制线路分析

电路如图16－2所示。

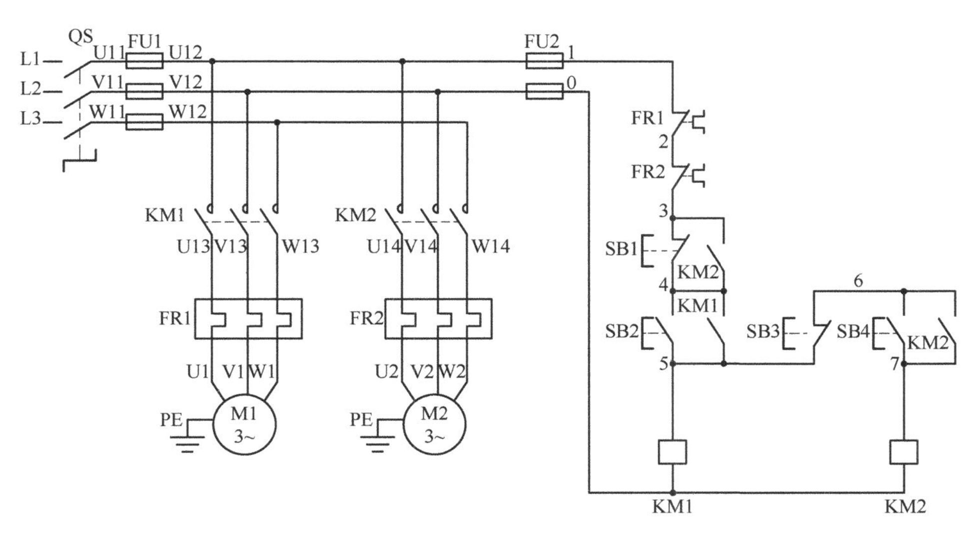

图 16－2　两台电动机顺序启动、顺序停转控制线路图

合上电源开关 QS，线路工作原理如下。

启动：

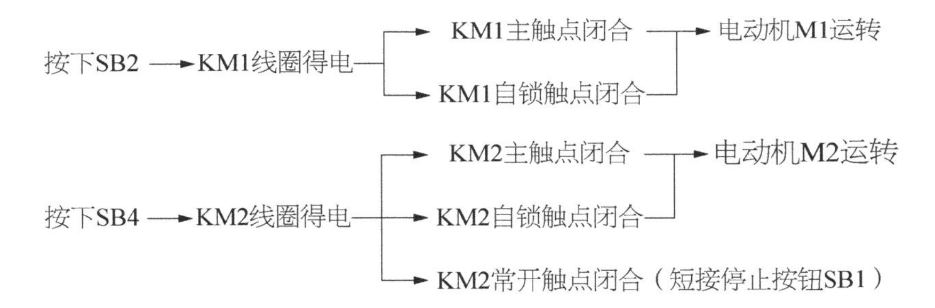

停止：

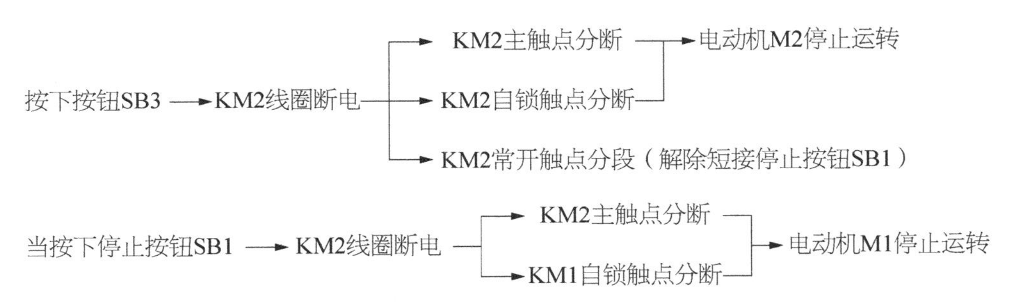

技能训练

一、训练要求

（1）根据课题的要求，按照图 16－2 中的两台电动机顺序启动、顺序停转控制线路图完成电路安装，线路布局美观、合理。

（2）按照线路工作原理进行调试。

（3）书面分析 2 个问题。

(4) 技能考核时间:60 min。

二、训练内容

(1) 根据给定的设备和仪器仪表,在规定时间内完成接线、调试、运行,达到考试规定的要求。

(2) 能用仪表测量调整和选择元件。

(3) 板面导线经线槽敷设,线槽外导线须平直各节点必须紧密,接电源、电动机及按钮等的导线必须通过接线柱引出,并有保护接地或接零。

(4) 装接完毕后,经允许后方可通电试车,如遇故障自行排除。

(5) 按照完成的工作是否达到了全部或部分要求,由指导教师按评分标准进行评分。在规定的时间内不得延时。

三、训练使用的设备、工具、材料

(1) 电工常用工具、万用表。

(2) 控制板。

(3) 导线:主电路采用 BV1/1.37 mm 铜塑线,控制电路采用 BV1/1.13 mm 铜塑线,按钮线采用 BVR7/0.75 mm 多股软线。

(4) 三相电动机。

四、训练步骤

(1) 根据图 16-2 配齐电路中所需的电控元件,清单见表 16-1。

表 16-1 电控元件明细表

代号	名称	型号	规格	数量
M	三相异步电动机	80YS25DY38-X	25 W, 380 V,星形接法	2
QS	电源开关	5SU93461CR16	三级额定电流	1
FU1	熔断器	RT18-32 3P	配熔体额定电流 4 A	1
FU2	熔断器	RT18-32 2P	配熔体额定电流 4 A	1
KM	交流接触器	3TF4016-0X	线圈额定电压 380 V	2
FR	热过载继电器	3UA5940-0J	整定电流 0.63~1 A	2
SB1	按钮	ZB2BA4C	ZB2BE101C 带触点基座	1
SB2	按钮	ZB2BA3C	ZB2BZ101C 带触点基座	1
SB3	按钮	ZB2BA4C	ZB2BE101C 带触点基座	1
SB4	按钮	ZB2BA2C	ZB2BZ101C 带触点基座	1
	导线		主电路采用 BV1/1.37 mm^2 铜塑线 控制电路采用 BV1/1.13 mm^2 铜塑线 按钮线采用 BVR7/0.75 mm^2 多股软线	若干
	端子板	JT8-2.5		1

（2）元件安装：元件的安装位置应整齐、均匀，间隔合理便于元件的更换。紧固元件时，用力要均匀，紧固程度适当。

（3）布线：进行线路布置和号码管的编套。线路安装应遵循由内到外、横平竖直的原则；尽量做到合理布线、就近走线；编码正确、齐全；接线可靠，不松动、不压皮、不反圈、不损伤线芯。

（4）检查线路正确性，安装完毕的控制线路板，必须经过认真检查以后，才允许通电试车，以防止错接、漏接造成不能正常工作或短路事故。检查时，应选用倍率适当的电阻挡，并进行校零。对控制电路的检查（可断开电源），可将表笔分别搭在 1、0 线端上，读数应为“∞”。按下启动按钮时，读数应为接触器线圈的冷态直流电阻（500 Ω～2 kΩ）。然后断开控制电路再检查主电路有无开路或短路现象，此时可用手动操作来代替接触器通电进行检查，模拟热继电器保护动作，测量电阻应为“∞”。

（5）连接接地保护装置，电动机的金属外壳必须可靠接地。

（6）连接电源、电动机等控制板外的导线。

（7）调试：具体调试步骤可参照两台电动机顺序启动、顺序停转控制线路工作原理。

技能考核

（1）完成两台电动机顺序启动、顺序停转控制线路安装、调试。

（2）按线路图书面回答问题。

1）如果电路中的第一台电动机能正常启动，而第二台电动机无法启动，试分析产生该故障的可能原因。

2）如果电路中的第一台电动机不能正常启动，试分析产生该故障的可能原因。

课题 17 三相异步电动机正反转控制线路的安装与调试

实训目的

（1）掌握三相异步电动机正反转控制线路工作原理。

（2）能熟练使用常用电工工具，完成三相异步电动机正反转控制线路的安装、调试。

（3）能处理电气控制线路中的故障。

（4）能执行电气安全操作规程。

任务分析

掌握电气控制原理，能正确选择合适的低压控制电器，根据电气控制电路图进行安装、调试。遇到电气故障能分析故障原因并利用仪表快速进行判断、修复。

基础知识

许多生产机械往往要求运动部件能向正反两个方向运动。这些生产机械要求电动机能实现正、反转控制，改变通入电动机定子绕组的三相电源、相序，即把接入电动机三相电源进线中的任意两根对调接线时，电动机就可以反转。

一、三相异步电动机正反转控制线路分析

电路图如图 17－1 所示。

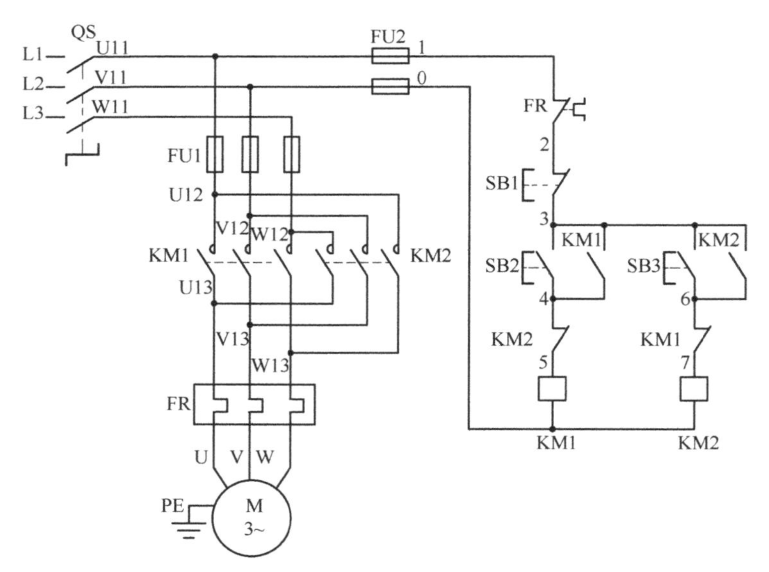

图 17－1 三相异步电动机正反转控制线路图

1．电路分析

主电路中开关 QS 起接通和隔离电源作用，熔断器 FU1 对主电路进行保护，交流接触器主触头控制电动机的启动运行和停止，使用两个交流接触器 KM1、KM2 来改变电动机的电源相序，当通电时接触器 KM1 使电动机正转；而接触器 KM2 通电时电源线对调接入电动机定子绕组实现反转控制，接触器 KM1 和接触器 KM2 不能同时通电或闭合，否则造成电路短路事故。

从控制电路上看，KM1、KM2 常闭触点形成电气互锁，称为接触器联锁电路如图 17－2 所示。

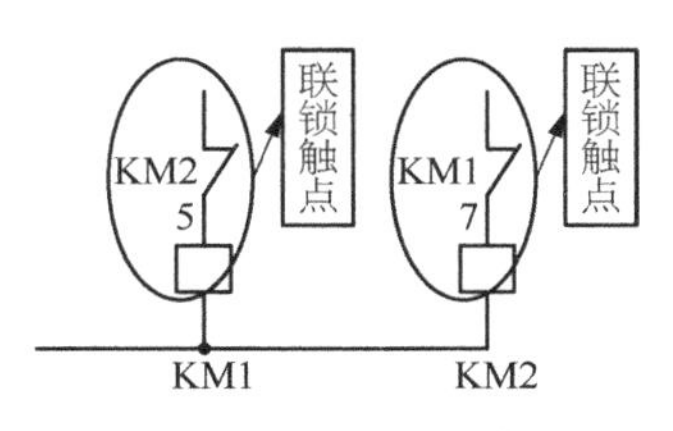

图 17－2　接触器联锁电路

电气互锁作用：在同一时间里只允许两个或多个接触器（继电器）其中的一个接触器（继电器）工作的控制方式称为互锁或联锁控制。防止接触器主触点熔焊或机械结构失灵使主触点不能断开。若另一接触器动作会造成事故。方法：在两动作电器线路中互串对方线路中继电器（或接触器）的动断常闭触点。

2. 线路工作原理

合上电源开关 QS。

正转启动：

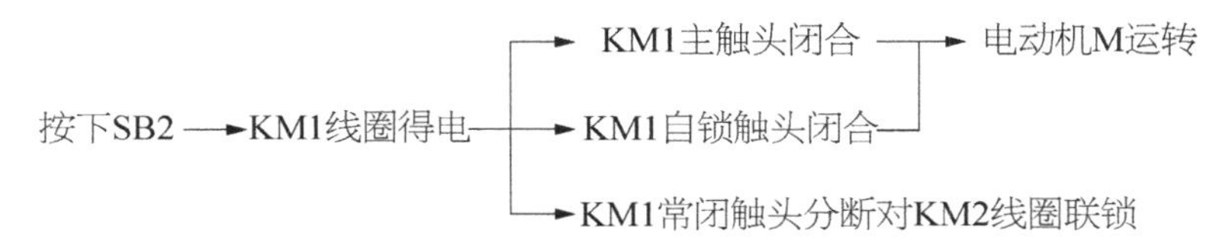

反转启动：

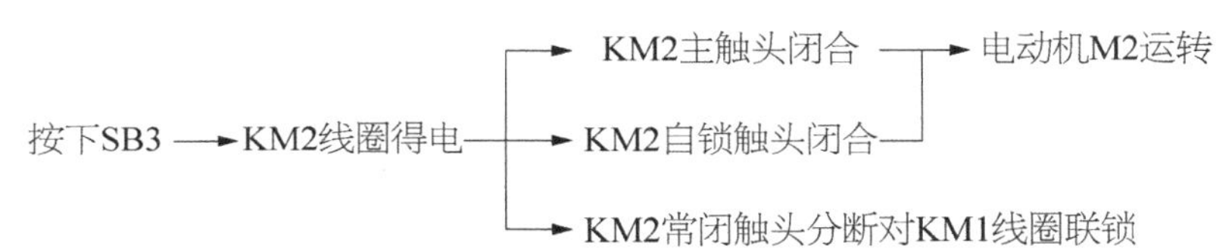

停止时，按下停止按钮 SB1→控制电路失电→KM1（或 KM2）主触头分断→电动机 M 失电停转。

技能训练

一、训练要求

（1）根据课题的要求，按照图 17－1 中的三相异步电动机正反转控制线路图完成电路安装，线路布局美观、合理。

（2）按照线路工作原理进行调试。

（3）书面分析 2 个问题。

（4）技能考核时间：60 min。

二、训练内容

（1）根据给定的设备和仪器仪表，在规定时间内完成接线、调试、运行，达到考试规定的要求。

（2）能用仪表测量调整和选择元件。

（3）板面导线经线槽敷设，线槽外导线须平直各节点必须紧密，接电源、电动机及按钮等的导线必须通过接线柱引出，并有保护接地或接零。

（4）装接完毕后，经允许后方可通电试车，如遇故障自行排除。

(5) 按照完成的工作是否达到了全部或部分要求，由指导教师按评分标准进行评分。在规定的时间内不得延时。

三、训练使用的设备、工具、材料

(1) 电工常用工具、万用表。

(2) 控制板。

(3) 导线：主电路采用 BV1/1.37 mm^2 铜塑线，控制电路采用 BV1/1.13 mm^2 铜塑线，按钮线采用 BVR7/0.75 mm^2 多股软线。

(4) 三相电动机。

四、训练步骤

(1) 根据图 17-1 配齐电路中所需的电控元件，清单见表 17-1。

表 17-1 电控元件明细表

代号	名称	型号	规格	数量
M	三相异步电动机	80YS25DY38-X	25 W，380 V，星形接法	1
QS	电源开关	5SU93461CR16	三级额定电流 16 A	1
FU1	熔断器	RT18-32 3P	配熔体额定电流 4 A	1
FU2	熔断器	RT18-32 2P	配熔体额定电流 2 A	1
KM	交流接触器	3TF4022-0X	线圈额定电压 380 V	2
FR	热过载继电器	3UA5940-0J	额定电流 0.63～1 A	1
SB1	按钮	ZB2BA4C	ZB2BE101C 带触点基座	1
SB2	按钮	ZB2BA2C	ZB2BZ101C 带触点基座	1
SB3	按钮	ZB2BA2C	ZB2BZ101C 带触点基座	1
	导线		主电路采用 BV1/1.37 mm^2 铜塑线 控制电路采用 BV1/1.13 mm^2 铜塑线 按钮线采用 BVR7/0.75 mm^2 多股软线	若干
	端子板	JT8-2.5		1

(2) 元件安装：元件的安装位置应整齐、均匀，间隔合理便于元件的更换。紧固元件时，用力要均匀，紧固程度适当。

(3) 布线：进行线路布置和号码管的编套。线路安装应遵循由内到外、横平竖直的原则；尽量做到合理布线、就近走线；编码正确、齐全；接线可靠，不松动、不压皮、不反圈、不损伤线芯。

(4) 检查线路正确性：安装完毕的控制线路板，必须经过认真检查以后，才允许通电试车，以防止错接、漏接造成不能正常工作或短路事故。检查时，应选用倍率适当的电阻挡，并进行校零。对控制电路的检查(可断开电源)，可将表笔分别搭在 1、0 线端上，读数应为"∞"。按下启动按钮时，读数应为接触器线圈的冷态直流电阻(500 Ω～2 kΩ)。然后断开控制电路再检查主电路有无开路或短路现象，此时可用手动来代替接触器通电进行检查，模拟接触器动作，测量电阻为"∞"。

(5) 连接接地保护装置，电动机的金属外壳必须可靠接地。

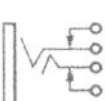

（6）连接电源、电动机等控制板外的导线。

（7）调试：具体调试步骤可参照三相异步电动机正反转控制线路工作原理。

技能考核

（1）完成三相异步电动机正反转控制线路安装、调试。

（2）按线路图书面回答问题。

1）KM1 接触器的常闭触点串联在 KM2 接触器线圈回路中，同时 KM2 接触器的常闭触点串联在 KM1 接触器线圈回路中，这种接法有何作用？

2）如果电路出现只有正转没有反转控制的故障，试分析产生该故障的接线方面的可能原因。

课题 18 三相异步电动机串电阻器减压启动控制线路的安装与调试

实训目的

（1）掌握三相异步电动机串电阻器减压启动控制线路工作原理。

（2）能熟练使用常用电工工具，完成三相异步电动机串电阻器减压启动控制线路的安装、调试。

（3）能处理电气控制线路中的故障。

（4）能执行电气安全操作规程。

任务分析

掌握电气控制原理，能正确选择合适的低压控制电器，根据电气控制电路图进行安装、调试。遇到电气故障能分析故障原因并利用仪表快速进行判断、修复。

基础知识

减压启动又称为降压启动，是在启动电动机时，将电源电压适当降低后，再加到电动机的定子绕组上，经过一定的启动所需时间或是启动完毕后，再将电源电压恢复到额定值保持电动机正常运行的一种启动方式。

减压启动的目的是：减少启动电流过大对电网和电动机本身造成的冲击和损坏。

一、三相异步电动机减压启动方式

常用的电动机降减压启动的方法主要有以下几种：

（1）定子绕组串电阻器（或电抗器）减压启动；

（2）星～三角减压启动；

（3）自耦变压器减压启动；

（4）延边三角形减压启动。

无论哪种方法，对控制的要求都是相同的，即给出启动指令后，先减压，当电动机接近额定转速时再加全压，这个过程是以启动过程中的某一变化参量为控制信号自动进行的。

在电动机启动过程中，转速、电流、时间等参量都发生变化，原则上这些变化的参量都可以作为启动的控制信号。但是，以转速和电流这两个物理量为变化参量控制电动机启动时，由于受负载变化、电网电压波动的影响较大，往往造成启动失败；而以时间为变化参量控制电动机启动，其转换是靠时间继电器的动作，不论负载变化或电网电压波动，都不会影响时间继电器的整定时间，可以按时切换，不会造成启动失败。所以，控制电动机启动，几乎毫无例外地以时间为变化参量来进行控制。

二、三相异步电动机串电阻器减压启动控制原理

启动时，在电动机主电路——三相定子电路中以串联形式串接入电阻器 R，使加在电动机绕组上的电压降低。启动完成后，再将这个串联的电阻器“短路”，也就是用导线（或触点机构）将这个电阻器两端的接点在跨过电阻器后直接“跨接”，使电动机获得额定电压后正

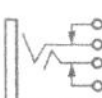

常运行。

“启动电阻器”实物如图 18－1 所示。一般采用“铸铁板式电阻器”或者用电阻丝绕制而成的“电阻丝绕制式”，所允许通过的电流值较大。

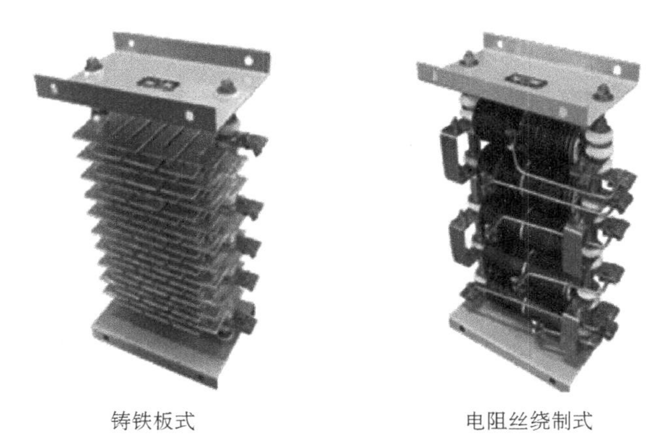

图 18－1　串电阻器减压的“启动电阻器”实物图

使用中要注意，各相电源中所串接电阻器的阻值要相等，功率应相同。其优点是使用的设备简单并且不受定子绕组形式的限制；缺点是启动时减压用电阻器所消耗的电能极大。

三、三相异步电动机串电阻器减压启动控制线路分析

图 18－2 为三相异步电动机串电阻器减压启动控制线路。

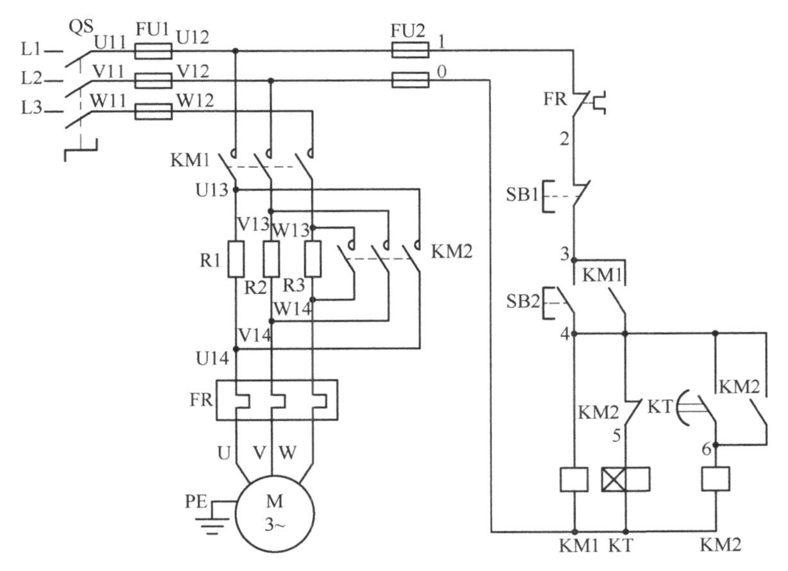

图 18－2　三相异步电动机串电阻器减压启动控制线路图

1．电路分析

主电路中电源开关 QS 起接通和隔离电源作用，熔断器 FU1 电路进行短路保护，交流接触器 KM1 主触头控制电动机的启动运行和停止，交流接触器 KM2 主触头用来短接启动电阻器。

从控制电路上看，按下启动按钮 SB2 后接触器 KM1 主触头控制电动机的串联电阻器减压启动，同时通电延时时间继电器 KT 工作，延时一段时间后(时间继电器延时的时间可根据电动机转速上升的时间来调节)使得接触器 KM2 工作，电动机全压运转。按下停止按钮 SB1 后，接触器 KM1、KM2 失电，电动机停止运转。

2. 线路工作原理

先合上电源开关 QS。

启动：

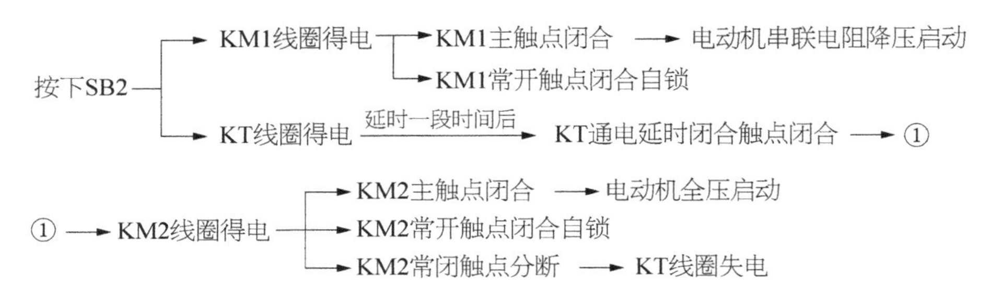

停止：

按下SB1 → KM1、KM2、KT线圈失电 → 电动机M停止工作。

技能训练

一、训练要求

(1) 根据课题的要求，按照图 18－2 中的三相异步电动机串电阻器减压启动控制线路图完成电路安装，线路布局美观、合理。

(2) 按照线路工作原理进行调试。

(3) 书面分析 2 个问题。

(4) 技能考核时间：60 min。

二、训练内容

(1) 根据给定的设备和仪器仪表，在规定时间内完成接线、调试、运行，达到规定的要求。

(2) 能用仪表测量调整和选择元件。

(3) 板面导线经线槽敷设，线槽外导线须平直各节点必须紧密，接电源、电动机及按钮等的导线必须通过接线柱引出，并有保护接地或接零。

(4) 装接完毕后，经允许后方可通电试车，如遇故障自行排除。

(5) 按照完成的工作是否达到了全部或部分要求，由指导教师按评分标准进行评分。在规定的时间内不得延时。

三、训练使用的设备、工具、材料

(1) 电工常用工具、万用表。

(2) 控制板一块；主电路采用 BV1/1.37 mm^2 铜塑线，控制电路采用 BV1/1.13 mm 铜塑线^2，按钮线采用 BVR7/0.75 mm^2 多股软线；三相电动机。

四、训练步骤

(1) 根据图 18－2 配齐电路中所需的电控元件，清单见表 18－1。

表 18-1　电控元件明细表

代号	名称	型号	规格	数量
M	三相异步电动机	80YS25DY38-X	25 W，380 V，星形接法	1
QS	电源开关	5SU93461CR16	三级额定电流 16 A	1
FU1	熔断器	RT18-32 3P	配熔体额定电流 4 A	1
FU2	熔断器	RT18-32 2P	配熔体额定电流 2 A	1
KM1、KM2	交流接触器	3TF4022-0X	线圈额定电压 380 V	2
FR	热过载继电器	3UA5940-0J	整定电流 0.63～1 A	1
KT	时间继电器	JSZ3A-B	线圈额定电压 380 V	1
SB1	按钮	ZB2BA3C	ZB2BZ101C 带触点基座	1
SB2	按钮	ZB2BA4C	ZB2BE101C 带触点基座	1
	导线		主电路采用 BV1/1.37 mm^2 铜塑线 控制电路采用 BV1/1.13 mm^2 铜塑线 按钮线采用 BVR7/0.75 mm^2 多股软线	若干
	端子板	JT8-2.5		1

（2）元件安装：元件的安装位置应整齐、均匀，间隔合理便于元件的更换。紧固元件时，用力要均匀，紧固程度适当。

（3）布线：进行线路布置和号码管的编套。线路安装应遵循由内到外、横平竖直的原则；尽量做到合理布线、就近走线；编码正确、齐全；接线可靠，不松动、不压皮、不反圈、不损伤线芯。

（4）检查线路正确性：安装完毕的控制线路板，必须经过认真检查以后，才允许通电试车，以防止错接、漏接造成不能正常工作或短路事故。检查时，应选用倍率适当的电阻挡，并进行校零。对控制电路的检查（可断开电源），可将表笔分别搭在 1、0 线端上，读数应为"∞"。按下启动按钮时，读数应为接触器线圈的冷态直流电阻（500 Ω～2 kΩ）。然后断开控制电路再检查主电路有无开路或短路现象，此时可用手动来代替接触器通电进行检查。模拟热继电器保护动作，测量电阻为"∞"。

（5）连接接地保护装置，电动机的金属外壳必须可靠接地。

（6）连接电源、电动机等控制板外的导线。

（7）调试：具体调试步骤可参照三相异步电动机串电阻器减压启动控制线路工作原理。

技能考核

（1）完成三相异步电动机串电阻器减压启动控制线路安装、调试。

（2）按线路图书面回答问题。

1）试述三相异步电动机采用减压启动的原因及实现减压启动的方法。

2）如果 KM2 接触器线圈断路损坏，试分析可能产生的故障现象，并说明原因。

课题 19　三相异步电动机星～三角减压启动控制线路的安装与调试

实训目的

（1）掌握三相异步电动机星～三角减压启动控制线路工作原理。

（2）能熟练使用常用电工工具，完成三相异步电动机星～三角减压启动控制线路的安装、调试。

（3）能处理电气控制线路中的故障。

（4）能执行电气安全操作规程。

任务分析

掌握电气控制原理，能正确选择合适的低压控制电器，根据电气控制电路图进行安装、调试。遇到电气故障能分析故障原因并利用仪表快速进行判断、修复。

基础知识

星～三角减压启动[Y(星形)～△(三角形)]控制线路是“按时间原则控制”的对电动机进行减压启动的一种控制方法，也称为“Y～△减压启动方式”。星～三角减压启动是指三相异步电动机启动时，把定子绕组接成星形，以降低启动电压，限制启动电流；待三相异步电动机启动后，再把定子绕组改接成三角形，使三相异步电动机全压运行。凡是正常运行时定子绕组作三角形联接的三相异步电动机，均可采用这种减压启动方法。

星～三角减压启动方式只适用于正常工作时有六个出线端子且定子绕组呈“三角形”连接形式的三相异步电动机，即在“△”形连接轻载或空载下启动。

一、星～三角减压启动控制工作原理

在启动过程中，将三相异步电动机定子绕组接成星形，使电动机每相绕组承受的电压为额定电压的1/3，启动电流为三角形接法时启动电流的1/3。

（1）启动时，三相异步电动机接成星形（星形接法如图19－1所示），W2、U2、V2由短路连接片相连接，即电动机三相绕组的“尾端”相连。每相绕组得到电压U相＝U线/$\sqrt{3}$＝220 V。

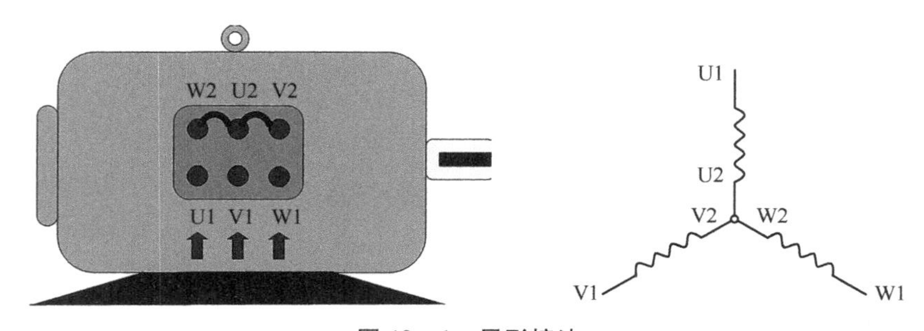

图19－1　星形接法

（2）运行时，三相异步电动机接成三角形（三角形接法如图 19－2 所示），分别将 W2 与 U1、U2 与 V1、V2 与 W1 用短路连接片相连接即为电动机三相绕组三角形接法。每相绕组得到电压 U 相＝U 线＝380 V

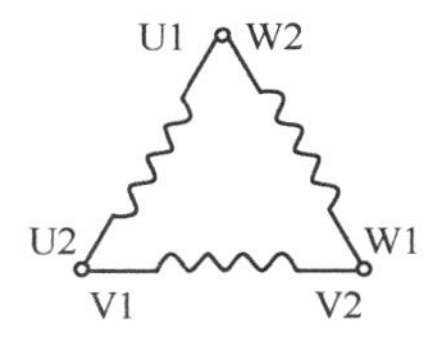

图 19－2　三角形接法

结论：星形接法与三角形接法相比较，每相绕组电压降低，可减小启动电流。

二、三相异步电动机星～三角减压启动控制线路分析

图 19－3 为三相异步电动机星～三角减压启动控制线路。

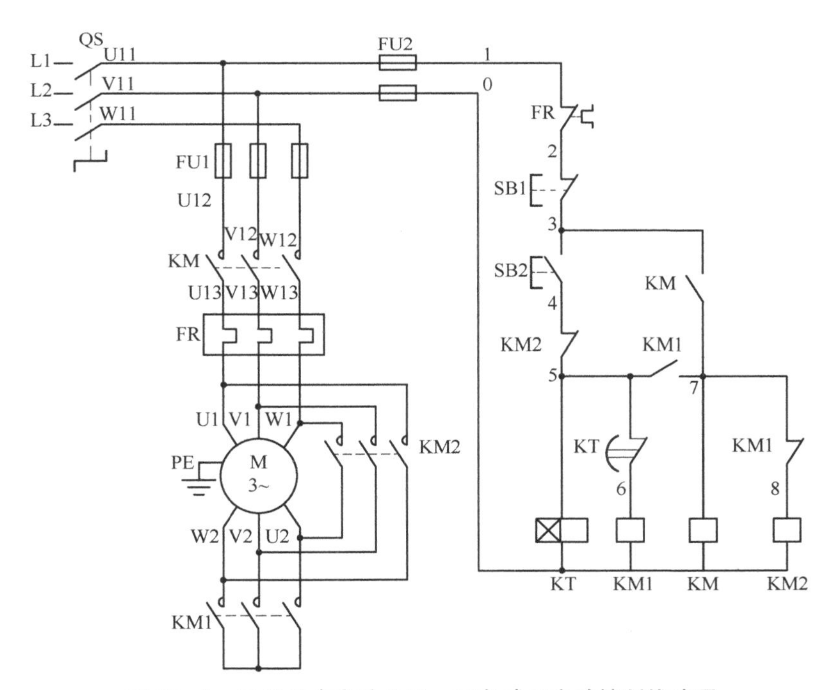

图 19－3　三相异步电动机星～三角减压启动控制线路图

1. 电路分析

主电路中开关 QS 起接通和隔离电源作用，熔断器 FU1 对主电路进行保护，交流接触器 KM 主触点与 KM 1 主触点控制电动机的星形减压启动，交流接触器 KM 主触点与 KM2 主触点用来控制电动机的三角形全压运行。

从控制电路上看，按下启动按钮 SB1 后接触器 KM1 工作同时通电延时时间继电器 KT 工作、接触器 KM 工作，电动机的星形减压启动。时间继电器 KT 延时一段时间后（时间继电器延时的时间可根据电动机转速上升的时间进行调节）使接触器 KM2 工作同时接触器 KM1 停止工作，电动机全压运转。按下停止按钮 SB2 后接触器 KM、KM2 线圈失电，电动机停止运转。

2. 线路工作原理

先合上电源开关 QS。

启动：

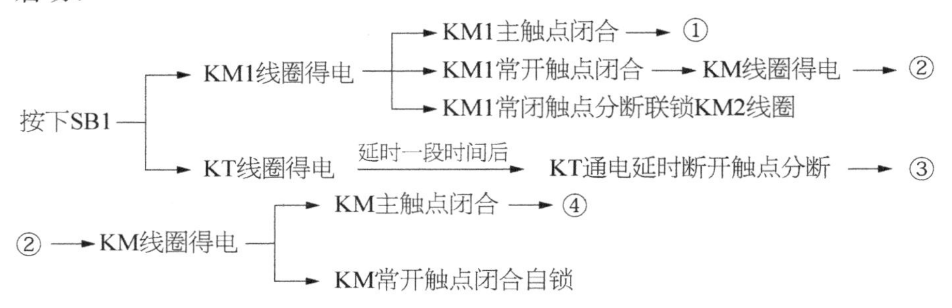

①+④ → 电动机绕组接成星形减压启动；

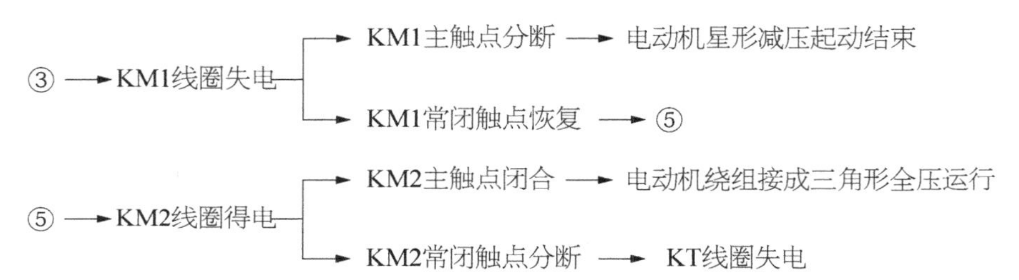

停止：

按下 SB2→KM、KM2 线圈失电→电动机停止工作。

技能训练

一、训练要求

（1）根据课题的要求，按照图 19 - 3 中的三相异步电动机星～三角减压启动控制线路图完成电路安装，线路布局美观、合理。

（2）按照线路工作原理进行调试。

（3）书面分析 2 个问题。

（4）技能考核时间：60 min。

二、训练内容

（1）根据给定的设备和仪器仪表，在规定时间内完成接线、调试、运行，达到规定的要求。

（2）能用仪表测量调整和选择元件。

（3）板面导线经线槽敷设，线槽外导线须平直各节点必须紧密，接电源、电动机及按钮等的导线必须通过接线柱引出，并有保护接地或接零。

（4）装接完毕后，经允许后方可通电试车，如遇故障自行排除。

（5）按照完成的工作是否达到了全部或部分要求，由指导教师按评分标准进行评分。在规定的时间内不得延时。

三、训练使用的设备、工具、材料

（1）电工常用工具、万用表。

（2）控制板一块；主电路采用 BV1/1.37 mm^2 铜塑线，控制电路采用 BV1/1.13 mm^2 铜塑线，按钮线采用 BVR7/0.75 mm^2 多股软线；三相电动机。

四、训练步骤

（1）根据图 19－3 配齐电路中所需的电控元件，清单见表 19－1。

表 19－1　电控元件明细表

代号	名称	型号	规格	数量
M	三相异步电动机	JW5024	60 W，380 V，星形接法/380 V，三角形接法	1
QS	电源开关	5SU93461CR16	三级额定电流 16 A	1
FU1	熔断器	RT18－32 3P	配熔体额定电流 4 A	1
FU2	熔断器	RT18－32 2P	配熔体额定电流 2 A	1
KM	交流接触器	3TF4022－0X	线圈额定电压 380 V	3
KT	时间继电器	JSZ3A－B	线圈电压 380 V	1
FR	热过载继电器	3UA5940－0J	整定电流 0.63～1 A	1
SB1	按钮	ZB2BA2C	ZB2BZ101C 带触点基座	1
SB2	按钮	ZB2BA4C	ZB2BE101C 带触点基座	1
	导线		主电路采用 BV1/1.37 mm^2 铜塑线 控制电路采用 BV1/1.13 mm^2 铜塑线 按钮线采用 BVR7/0.75 mm^2 多股软线	若干
	端子板	JT8－2.5		1

（2）元件安装：元件的安装位置应整齐、均匀，间隔合理便于元件的更换。紧固元件时，用力要均匀，紧固程度适当。

（3）布线：进行线路布置和号码管的编套。线路安装应遵循由内到外、横平竖直的原则；尽量做到合理布线、就近走线；编码正确、齐全；接线可靠，不松动、不压皮、不反圈、不损伤线芯。

（4）检查线路正确性：安装完毕的控制线路板，必须经过认真检查以后，才允许通电试车，以防止错接、漏接造成不能正常工作或短路事故。检查时，应选用倍率适当的电阻挡，并进行校零。对控制电路的检查（可断开主电路），可将表笔分别搭在 1、0 线端上，读数应为“∞”。按下启动按钮时，读数应为接触器线圈的冷态直流电阻（500 Ω～2 kΩ）。然后断开控制电路再检查主电路有无开路或短路现象，此时可用手动来代替接触器通电进行检查。模拟接触器动作，测量电阻为“∞”。

（5）连接接地保护装置，电动机的金属外壳必须可靠接地。

（6）连接电源、电动机等控制板外的导线。

（7）调试：具体调试步骤可参照三相异步电动机星～三角减压启动控制线路工作原理。

技能考核

(1) 完成三相异步电动机星～三角减压启动控制线路安装、调试。

(2) 按线路图书面回答问题。

1) 如果KT时间继电器的常闭延时触点错接成常开延时触点，这种接法对电路有何影响？

2) 如果电路出现只有星形运转没有三角形运转控制的故障，试分析产生该故障的接线方面的可能原因？

课题 20 带抱闸制动的三相异步电动机两地控制线路的安装与调试

实训目的

（1）掌握带抱闸制动的三相异步电动机两地控制线路工作原理。

（2）能熟练使用常用电工工具，完成带抱闸制动的三相异步电动机两地控制线路的安装、调试。

（3）能处理电气控制线路中的故障。

（4）能执行电气安全操作规程。

任务分析

掌握电气控制原理，能正确选择合适的低压控制电器，根据电气控制电路图进行安装、调试。遇到电气故障能分析故障原因并利用仪表快速进行判断、修复。

基础知识

一、电动机抱闸原理

三相异步电动机切除电源后依靠惯性还要转动一段时间（或距离）才能停下来，所谓制动，就是给电动机一个与转动方向相反的转矩使它迅速停转（或限制其转速）。

制动的方法一般有两类：机械制动和电气制动。

利用机械装置使电动机断开电源后迅速停转的方法叫机械制动，常用电磁抱闸制动，结构如图 20－1 所示。

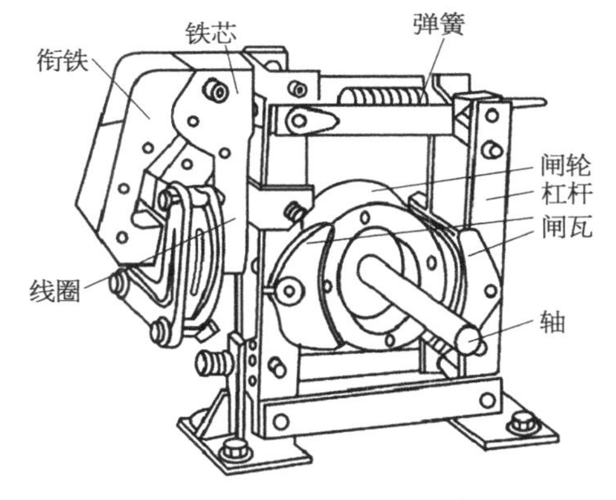

图 20－1 电磁抱闸结构

1．电磁抱闸的结构

电磁抱闸主要由两部分组成：制动电磁铁和闸瓦制动器。

制动电磁铁由铁芯、衔铁和线圈三部分组成。闸瓦制动器包括闸轮、闸瓦和弹簧等，闸轮与电动机装在同一根转轴上。

2．工作原理

电动机接通电源，同时电磁抱闸线圈也得电，衔铁吸合，克服弹簧的拉力使制动器的闸瓦与闸轮分开，电动机正常运转。断开开关或接触器，电动机失电，同时电磁抱闸线圈也失电，衔铁在弹簧拉力作用下与铁芯分开，并使制动器的闸瓦紧紧抱住闸轮，电动机因被制动而停转。

3．电磁抱闸制动的特点

电磁抱闸制动的优点是制动力强，它安全可靠，不会因突然断电而发生事故，广泛应用在起重设备上；而缺点是体积较大，制动器磨损严重，快速制动时会产生振动。

二、两地控制

两地控制是多地控制的一种，能在两地控制同一台电动机的控制方式称为两地控制。其特点是：两地的启动按钮要并联接在一起，停止按钮要串联接在一起。图 20－2 中两地启动按钮 SB3、SB4 并联，两地停止按钮 SB1、SB2 串联。

三、带抱闸制动的三相异步电动机两地控制线路分析

线路如图 20－2 所示。

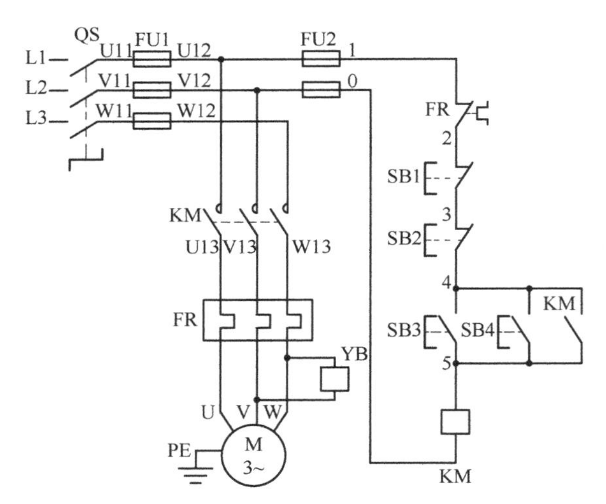

图 20－2　带抱闸制动的三相异步电动机两地控制线路图

线路工作原理。

先合上电源开关 QS。

启动：

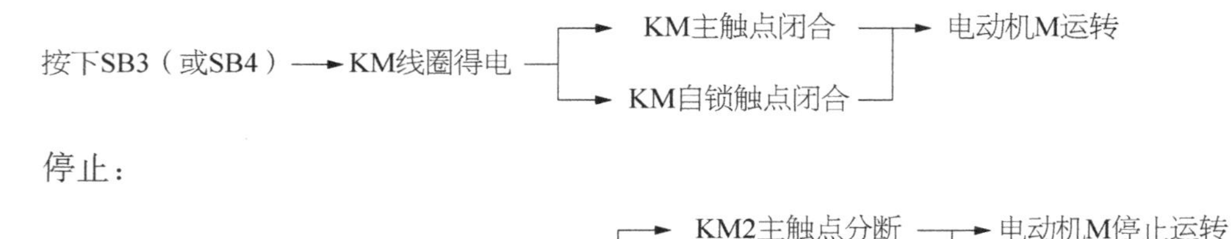

停止：

按下按钮SB1（或SB2）→ KM线圈断电 → KM2主触点分断 / KM自锁触点断开 → 电动机M停止运转

技能训练

一、训练要求

（1）根据课题的要求，按照图 20－2 中的带抱闸制动的三相异步电动机两地控制线路图完成电路安装，线路布局美观、合理。

（2）按照线路工作原理进行调试。

（3）书面分析 2 个问题。

（4）技能考核时间：60 min。

二、训练内容

（1）根据给定的设备和仪器仪表，在规定时间内完成接线、调试、运行，达到考试规定的

要求。

(2) 能用仪表测量调整和选择元件。

(3) 板面导线经线槽敷设,线槽外导线须平直各节点必须紧密,接电源、电动机及按钮等的导线必须通过接线柱引出,并有保护接地或接零。

(4) 装接完毕后,经允许后方可通电试车,如遇故障自行排除。

(5) 按照完成的工作是否达到了全部或部分要求,由指导教师按评分标准进行评分。在规定的时间内不得延时。

三、训练使用的设备、工具、材料

(1) 电工常用工具、万用表。

(2) 控制板一块;主电路采用 BV1/1.37 mm 铜塑线,控制电路采用 BV1/1.13 mm 铜塑线,按钮线采用 BVR7/0.75 mm 多股软线;三相电动机。

四、训练步骤

(1) 根据图 20-2 配齐电路中所需的电控元件,清单见表 20-1。

表 20-1 电控元件明细表

代号	名称	型号	规格	数量
M	三相异步电动机	80YS25DY38-X	25 W, 380 V,星形接法	1
QS	电源开关	5SU93461CR16	三级额定电流	1
FU1	熔断器	RT18-32 3P	配熔体额定电流 4 A	1
FU2	熔断器	RT18-32 2P	配熔体额定电流 4 A	1
KM	交流接触器	3TF4016-0X	线圈额定电压 380 V	1
FR	热过载继电器	3UA5940-0J	整定电流 0.63～1 A	1
YB	抱闸	DHM3		1
SB1	按钮	ZB2BA4C	ZB2BE101C 带触点基座	1
SB2	按钮	ZB2BA3C	ZB2BE101C 带触点基座	1
SB3	按钮	ZB2BA4C	ZB2BE101C 带触点基座	1
SB4	按钮	ZB2BA2C	ZB2BZ101C 带触点基座	1
	导线		主电路采用 BV1/1.37 mm^2 铜塑线 控制电路采用 BV1/1.13 mm^2 铜塑线 按钮线采用 BVR7/0.75 mm^2 多股软线	若干
	端子板	JT8—2.5		1

(2) 元件安装:元件的安装位置应整齐、均匀,间隔合理便于元件的更换。紧固元件时,用力要均匀,紧固程度适当。

(3) 布线:进行线路布置和号码管的编套。线路安装应遵循由内到外、横平竖直的原则;尽量做到合理布线、就近走线;编码正确、齐全;接线可靠,不松动、不压皮、不反圈、不损伤线芯。

(4) 检查线路正确性,安装完毕的控制线路板,必须经过认真检查以后,才允许通电试车,以防止错接、漏接造成不能正常工作或短路事故。检查时，应选用倍率适当的电阻挡，并进行校零。对控制电路的检查(可断开电源)，可将表笔分别搭在 1、0 线端上，读数应为“∞”。按下启动按钮时，读数应为接触器线圈的冷态直流电阻(500 Ω～2 kΩ)。然后断开控制电路再检查主电路有无开路或短路现象，此时可用手动来代替接触器通电进行检查，模拟热继电器保护动作，测量电阻为“∞”。

(5) 连接接地保护装置，电动机的金属外壳必须可靠接地。

(6) 连接电源、电动机等控制板外的导线。

(7) 调试：具体调试步骤可参照带抱闸制动的三相异步电动机两地控制线路工作原理。

技能考核

(1) 完成带抱闸制动的三相异步电动机两地控制线路安装、调试。

(2) 按线路图书面回答问题。

1) 为什么电路中 SB1 与 SB2 串联，而 SB3 与 SB4 并联？它们各起什么作用？

2) 如果 KM 接触器不能自锁，试分析此时电路工作情况。

课题 21　三相异步电动机反接制动控制线路的安装与调试

实训目的

（1）掌握三相异步电动机反接制动控制线路工作原理。

（2）能熟练使用常用电工工具，完成三相异步电动机反接制动控制线路的安装、调试。

（3）能处理电气控制线路中的故障。

（4）能执行电气安全操作规程。

任务分析

掌握电气控制原理，能正确选择合适的低压控制电器，根据电气控制电路图进行安装、调试。遇到电气故障能分析故障原因并利用仪表快速进行判断、修复。

基础知识

一、电动机制动控制

电动机断电后，由于惯性作用，自由停车时间较长。而某些生产工艺、过程则要求电动机在某一个时间段内能迅速而准确地停车。这时，就要对电动机进行相应的制动控制，使之迅速停车。

制动停车的方式主要有机械制动和电气制动两种。

1. 机械制动控制

机械制动采用机械抱闸制动。

2. 电气制动

电气制动是产生一个与原来转动方向相反的转矩使电动机立即停止下来。笼型异步电动机与直流电动机和绕线型异步电动机一样，在电气制动方式的使用过程中可采用反接制动和能耗制动两种方法。无论哪种制动方式，在制动过程中，电流、转速、时间三个参量都在变化，因此可以取某一变化参量作为控制信号，但在制动结束时应及时取消制动转矩。

3. 速度继电器

速度继电器常用于三相异步电动机按速度原则控制的反接制动线路中，也称反接制动继电器。

速度继电器主要由转子、定子和触点三部分组成。

速度继电器的作用是与接触器配合使用，对三相异步电动机进行反接制动控制。速度继电器的图形与文字符号，如图 21－1 所示。

SR　　SR

（a）常开触点　　（b）常闭触点

图 21－1　速度继电器的图形与文字符号

在机床控制线路中，JY1型速度继电器结构示意如图21－2所示其在连续工作制中，可靠地工作在3 000 r/min以下，在反复短时工作制中（频繁启动，制动）每分钟不超过30次。JY1型速度继电器在继电器轴转速为120 r/min左右时，即能动作。100 r/min以下触点恢复工作位置。

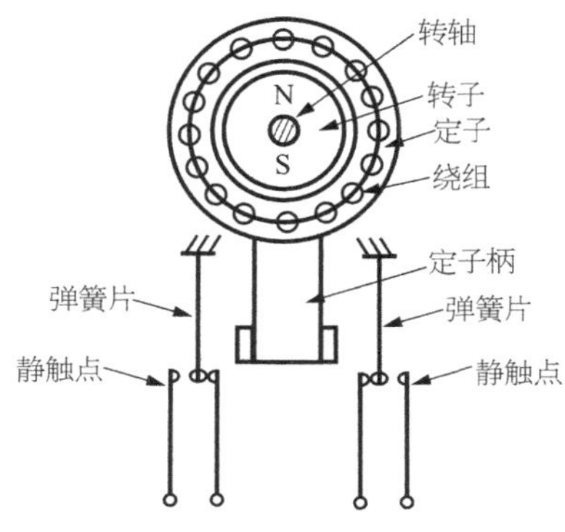

图21－2　速度继电器结构示意图

速度继电器的转子轴与电动机轴相连接，定子空套在转子上。当电动机转动时，速度继电器的转子（永久磁铁）随之转动，在空间产生旋转磁场，切割定子绕组，而在其中感应出电流。此电流又在旋转磁场作用下产生转矩，使定子随转子转动方向而旋转一定的角度。此时，与定子装在一起的摆锤推动触点动作，使动断触点断开，动合触点闭合。当电动机转速低于某一值时，定子产生的转矩减小，动触点复位。

二、三相异步电动机反接制动控制线路分析

图21－3为三相异步电动机反接制动控制线路图。

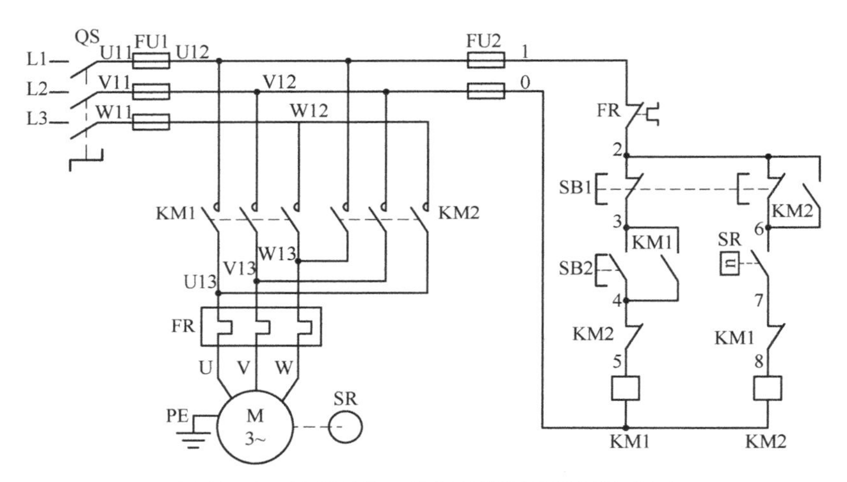

图21－3　三相异步电动机反接制动控制线路图

1. 电路分析

主电路中开关QS起接通和隔离电源作用，熔断器FU1短路保护，当通电时，接触器KM1使电动机正转；而接触器KM2通电时，使电源线对调接入电动机定子绕组，实现反接制动控制。

从控制电路上看，按下启动按钮SB2后接触器KM1工作，电动机启动后，当转速度上升大于120 r/min（速度继电器SR的常开触点闭合），按下停止按钮SB1后接触器KM1失电（电动机失电惯性运转，转速大于120 r/min），接触器KM2工作，电动机反向旋转并完成制动。转速下降到100 r/min以下SR触点恢复工作位置后接触器KM2停止工作，电动机制动结束。

2. 线路工作原理

先合上电源开关QS。

启动：

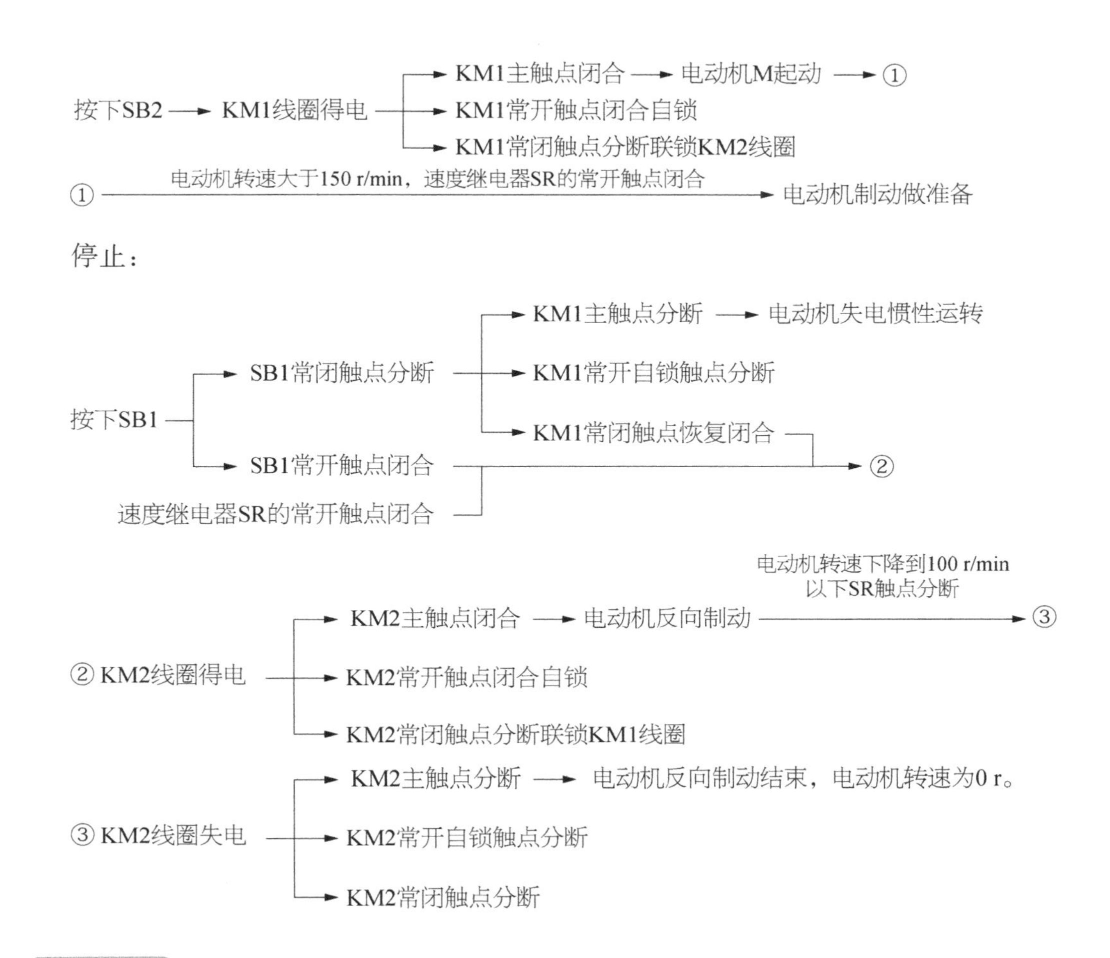

技能训练

一、训练要求

(1) 根据课题的要求，按照图 21－3 中的三相异步电动机反接制动控制线路图完成电路安装，线路布局美观、合理。

(2) 按照线路工作原理进行调试。

(3) 书面分析 2 个问题。

(4) 技能考核时间：60 min。

二、训练内容

(1) 根据给定的设备和仪器仪表，在规定时间内完成接线、调试、运行，达到规定的要求。

(2) 能用仪表测量调整和选择元件。

(3) 板面导线经线槽敷设，线槽外导线须平直各节点必须紧密，接电源、电动机及按钮等的导线必须通过接线柱引出，并有保护接地或接零。

(4) 装接完毕后，经允许后方可通电试车，如遇故障自行排除。

(5) 按照完成的工作是否达到了全部或部分要求，由指导教师按评分标准进行评分。在规定的时间内不得延时。

三、训练使用的设备、工具、材料

(1) 电工常用工具、万用表。

（2）控制板一块；主电路采用 BV1/1.37 mm^2 铜塑线，控制电路采用 BV1/1.13 mm^2 铜塑线，按钮线采用 BVR7/0.75 mm^2 多股软线；三相电动机。

四、训练步骤

（1）根据图 21-3 配齐电路中所需的电控元件，清单见表 21-1。

表 21-1　电控元件明细表

代号	名称	型号	规格	数量
M	三相异步电动机	80YS25DY38-X	25 W，380 V，星形接法	1
QS	电源开关	5SU93461CR16	三级额定电流 16 A	1
FU1	熔断器	RT18-32 3P	配熔体额定电流 4 A	1
FU2	熔断器	RT18-32 2P	配熔体额定电流 2 A	1
KM	交流接触器	3TF4022-0X	线圈额定电压 380 V	2
FR	热过载继电器	3UA5940-0J	整定电流 0.63～1 A	1
SR	速度继电器	JY1	500 V 2 A	1
SB1	按钮	ZB2BA4C	ZB2BE101C、ZB2BZ101C 带触点基座	1
SB2	按钮	ZB2BA2C	ZB2BZ101C 带触点基座	1
	导线		主电路采用 BV1/1.37 mm^2 铜塑线 控制电路采用 BV1/1.13 mm^2 铜塑线 按钮线采用 BVR7/0.75 mm^2 多股软线	若干
	端子板	JT8-2.5		1

（2）元件安装：元件的安装位置应整齐、均匀，间隔合理便于元件的更换。紧固元件时，用力要均匀，紧固程度适当。

（3）布线：进行线路布置和号码管的编套。线路安装应遵循由内到外、横平竖直的原则；尽量做到合理布线、就近走线；编码正确、齐全；接线可靠，不松动、不压皮、不反圈、不损伤线芯。

（4）检查线路正确性：安装完毕的控制线路板，必须经过认真检查以后，才允许通电试车，以防止错接、漏接造成不能正常工作或短路事故。检查时，应选用倍率适当的电阻挡，并进行校零。对控制电路的检查（可断开主电路），可将表笔分别搭在 1、0 线端上，读数应为“∞”。按下启动按钮时，读数应为接触器线圈的冷态直流电阻（500 Ω～2 kΩ）。然后断开控制电路再检查主电路有无开路或短路现象。此时，可用手动来代替接触器通电进行检查。模拟热继电器保护动作，测量电阻为“∞”。

（5）连接接地保护装置，电动机的金属外壳必须可靠接地。

（6）连接电源、电动机等控制板外的导线。

（7）调试：具体调试步骤可参照三相异步电动机反接制动控制线路工作原理。

技能考核

（1）完成三相异步电动机反接制动控制线路安装、调试。

（2）按线路图书面回答问题。

1）KM1 接触器的常闭串联在 KM2 接触器线圈回路中，同时 KM2 接触器的常闭串联在 KM1 接触器线圈回路中，这种接法有何作用？

2）如果电路不能正常启动，试分析产生该故障的接线方面的可能原因。

课题 22 工作台自动往返控制线路的安装与调试

实训目的

（1）掌握工作台自动往返控制线路工作原理。

（2）能熟练使用常用电工工具，完成工作台自动往返控制线路的安装、调试。

（3）能处理电气控制线路中的故障。

（4）能执行电气安全操作规程。

任务分析

掌握电气控制原理，能正确选择合适的低压控制电器，根据电气控制电路图进行安装、调试。遇到电气故障能分析故障原因并利用仪表快速进行判断、修复。

基础知识

在实际生产中，常常要求生产机械的运动部件能实现自动往返。因为有行程限制，所以常用行程开关做控制元件来控制电动机的正反转。图 22－1 为工作台自动往返控制线路。图中 KM1、KM2 分别为电动机正、反转接触器，SQ1 为反向转正向行程开关，SQ2 为正向转反向行程开关。

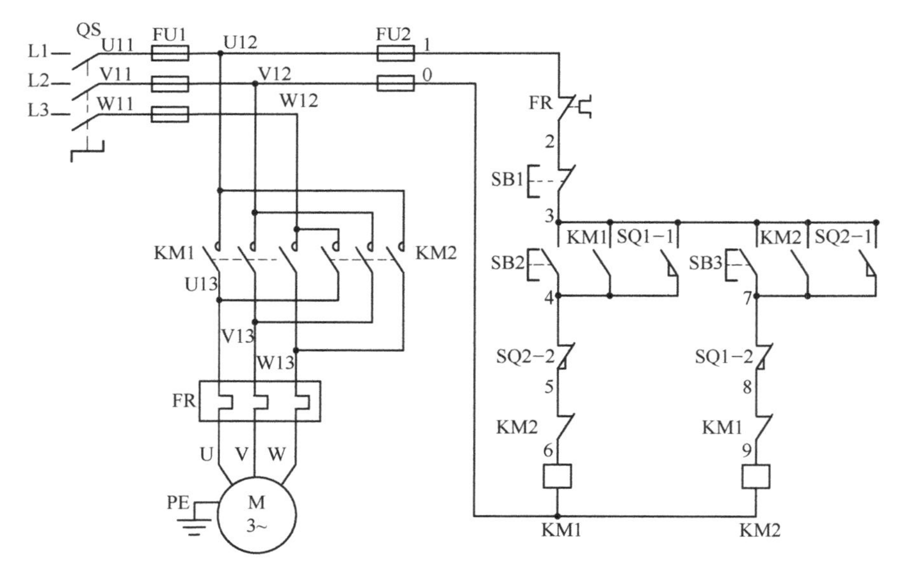

图 22－1 工作台自动往返控制线路图

1. 电路分析

主电路中开关 QS 起接通和隔离电源作用，熔断器 FU1 进行短路保护，使用两个交流接触器 KM1、KM2 来改变电动机的电源相序，当通电后，接触器 KM1 主触点闭合使电动机 M 正转；而接触器 KM2 主触点闭合通电时，使电源线对调接入电动机定子绕组，实现电动机 M 反转控制。

从控制电路上看，该控制线路保留了由接触器动断触点组成的互锁电气联锁，并添加了由行程开关 SQ1 和 SQ2 的动断触点组成的机械联锁。如图 22-2 中的工作台自动往返控制所示，按下正转按钮 SB2 后接触器 KM1 工作，电动机正转，工作台前进。当工作台前进到最右侧工作台附带的机械部件碰到行程开关 SQ2 时，接触器 KM1 停止工作（工作台），接触器 KM2 随即工作，电动机反转工作台向后退。当工作台后退到最左侧，工作台附带的机械部件碰到行程开关 SQ1 时，接触器 KM2 停止工作，接触器 KM1 随即工作，电动机正转工作台向前进（工作往复循环，直至按下停止按钮 SB1 后停止）。按下反转按钮 SB3 工作过程与正转相反。

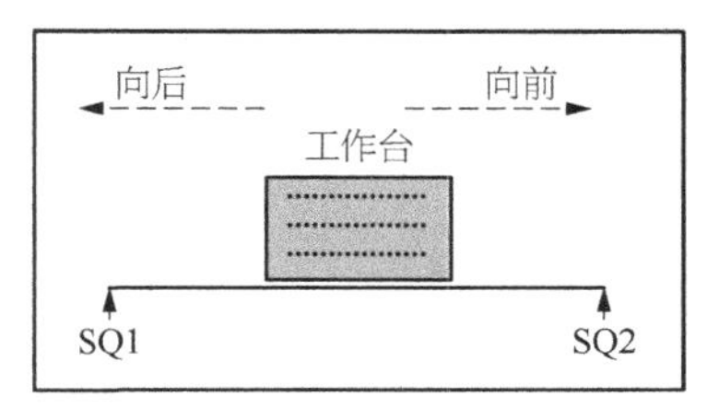

图 22-2　工作台自动往返控制

2. 线路工作原理

先合上电源开关 QS。

正转启动：

松开行程开关SQ1 → 行程开关SQ1复位，工作往复循环。

反转启动：

按下SB3为反转启动，其工作方式可根据正转启动工作方式进行分析。

停止：

按下停止按钮SB1 → 控制电路失电 → KM1（或KM2）主触点分断 → 电动机M失电停转。

技能训练

一、训练要求

（1）根据课题的要求，按照图 22－1 中的工作台自动往返控制线路图完成电路安装，线路布局美观、合理。

（2）按照线路工作原理进行调试。

（3）书面分析 2 个问题。

（4）技能考核时间：60 min。

二、训练内容

（1）根据给定的设备和仪器仪表，在规定时间内完成接线、调试、运行，达到考试规定的要求。

（2）能用仪表测量调整和选择元件。

（3）板面导线经线槽敷设，线槽外导线须平直各节点必须紧密，接电源、电动机及按钮等的导线必须通过接线柱引出，并有保护接地或接零。

（4）装接完毕后，经允许后方可通电试车，如遇故障自行排除。

（5）按照完成的工作是否达到了全部或部分要求，由指导教师按评分标准进行评分。在规定的时间内不得延时。

三、训练使用的设备、工具、材料

（1）电工常用工具、万用表。

（2）控制板一块；主电路采用 BV1/1.37 mm^2 铜塑线，控制电路采用 BV1/1.13 mm^2 铜塑线，按钮线采用 BVR7/0.75 mm^2 多股软线；三相电动机。

四、训练步骤

（1）根据图 22－1 配齐电路中所需的电控元件，清单见表 22－1。

表 22－1　电控元件明细表

代号	名称	型号	规格	数量
M	三相异步电动机	80YS25DY38－X	25 W，380 V，星形接法	1
QS	电源开关	5SU93461CR16	三级额定电流 16 A	1
FU1	熔断器	RT18－32 3P	配熔体额定电流 4 A	1
FU2	熔断器	RT18－32 2P	配熔体额定电流 2 A	1
KM	交流接触器	3TF4022－0X	线圈额定电压 380 V	2
FR	热过载继电器	3UA5940－0J	整定电流 0.63～1 A	1

（续表）

代号	名称	型号	规格	数量
SQ	行程开关	LX-19	LX-19-001	2
SB1	按钮	ZB2BA4C	ZB2BE101C带触点基座	1
SB2	按钮	ZB2BA3C	ZB2BZ101C带触点基座	1
SB3	按钮	ZB2BA2C	ZB2BZ101C带触点基座	1
	导线		主电路采用BV1/1.37 mm^2 铜塑线 控制电路采用BV1/1.13 mm^2 铜塑线 按钮线采用BVR7/0.75 mm^2 多股软线	若干
	端子板	JT8-2.5		1

（2）元件安装：元件的安装位置应整齐、均匀，间隔合理便于元件的更换。紧固元件时，用力要均匀，紧固程度适当。

（3）布线：进行线路布置和号码管的编套。线路安装应遵循由内到外、横平竖直的原则；尽量做到合理布线、就近走线；编码正确、齐全；接线可靠，不松动、不压皮、不反圈、不损伤线芯。

（4）检查线路正确性：安装完毕的控制线路板，必须经过认真检查以后，才允许通电试车，以防止错接、漏接造成不能正常工作或短路事故。检查时，应选用倍率适当的电阻挡，并进行校零。对控制电路的检查(可断开电源)，可将表笔分别搭在1、0线端上，读数应为"∞"。按下启动按钮时，读数应为接触器线圈的冷态直流电阻(500 Ω～2 kΩ)。然后断开控制电路再检查主电路有无开路或短路现象，此时可用手动来代替接触器通电进行检查，模拟接触器动作，测量电阻为"∞"。

（5）连接接地保护装置，电动机的金属外壳必须可靠接地。

（6）连接电源、电动机等控制板外的导线。

（7）调试：具体调试步骤可参照工作台自动往返控制线路工作原理。

技能考核

（1）完成工作台自动往返控制线路安装、调试。

（2）按线路图书面回答问题。

1）电路中与SB2并联的KM1接触器的常开触点和串联在KM2接触器线圈回路中的KM1接触器的常闭触点各起什么作用？

2）如果KM1接触器不能自锁，试分析此时电路工作现象。

课题 23　三相异步电动机延时启动、延时停止控制线路的安装与调试

实训目的

（1）掌握三相异步电动机延时启动、延时停止控制线路工作原理。

（2）能熟练使用常用电工工具，完成三相异步电动机延时启动、延时停止控制线路的安装、调试。

（3）能处理电气控制线路中的故障。

（4）能执行电气安全操作规程。

任务分析

掌握电气控制原理，能正确选择合适的低压控制电器，根据电气控制电路图进行安装、调试。遇到电气故障能分析故障原因并利用仪表快速进行判断、修复。

基础知识

三相异步电动机延时启动、延时停止控制线路

在实际生产中，常常要求生产机械要求按下启动按钮后延时一段时间后再进行主电动机工作，一般常见于一些液压设备中等待压力上升后启动，按下停止按钮后延时一段时间待压力下降后使主电动机停止工作。图 23－1 为三相异步电动机延时启动、延时停止控制线路。

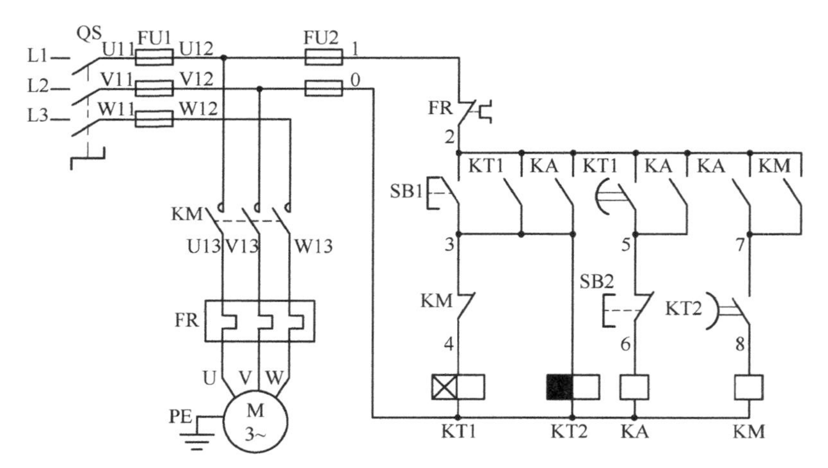

图 23－1　三相异步电动机延时启动、延时停止控制线路图

1. 电路分析

主电路中开关 QS 起接通和隔离电源作用，熔断器 FU1 起短路保护，交流接触器 KM 主触点控制电动机的启动运行和停止。

从控制电路上看，按下启动按钮 SB1 后通电延时时间继电器 KT1 工作，延时一段时间后

使得接触器 KM1 工作，电动机 M 运转。按下停止按钮 SB2 后断电延时时间继电器 KT2 工作，延时一段时间后使得接触器 KM1 失电，电动机 M 停止运转。

2. 线路工作原理

先合上电源开关 QS。

启动：

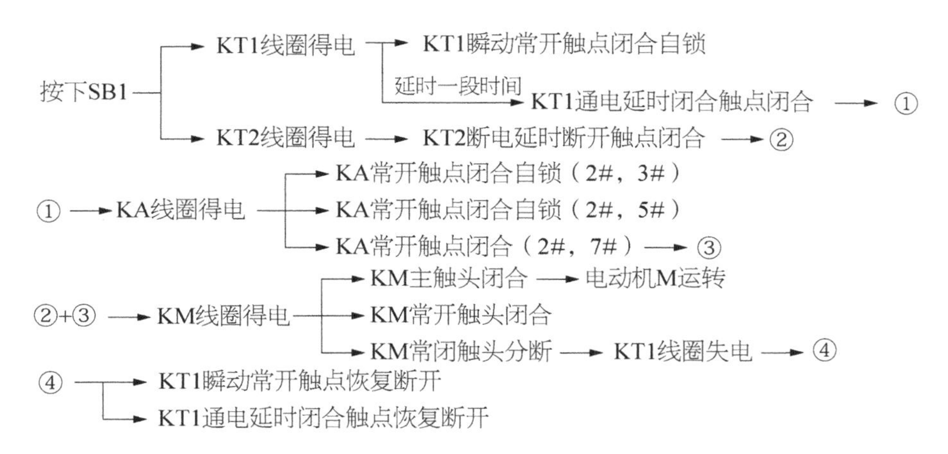

停止：

按下SB2 → KA线圈失电 →
- KA常开触点恢复断开（2#，3#）
- KA常开触点闭合恢复断开，自锁解除（2#，5#）→ ⑤
- KA常开触点恢复断开（2#，7#）

⑤ → KT2线圈失电 → KT2断电延时断开触点延时分断 → KM线圈失电 → 电动机M停止工作。

技能训练

一、训练要求

（1）根据课题的要求，按照图 23－1 中的三相异步电动机延时启动、延时停止控制线路图完成电路安装，线路布局美观、合理。

（2）按照线路工作原理进行调试。

（3）书面分析 2 个问题。

（4）技能考核时间：60 min。

二、训练内容

（1）根据给定的设备和仪器仪表，在规定时间内完成接线、调试、运行，达到考试规定的要求。

（2）能用仪表测量调整和选择元件。

（3）板面导线经线槽敷设，线槽外导线须平直各节点必须紧密，接电源、电动机及按钮等的导线必须通过接线柱引出，并有保护接地或接零。

（4）装接完毕后，经允许后方可通电试车，如遇故障自行排除。

（5）按照完成的工作是否达到了全部或部分要求，由指导教师按评分标准进行评分。在规定的时间内不得延时。

三、训练使用的设备、工具、材料

(1) 电工常用工具、万用表。

(2) 控制板一块;主电路采用 BV1/1.37 mm^2 铜塑线,控制电路采用 BV1/1.13 mm^2 铜塑线,按钮线采用 BVR7/0.75 mm^2 多股软线;三相电动机。

四、训练步骤

(1) 根据图 23-1 配齐电路中所需的电控元件,清单见表 23-1。

表 23-1 电控元件明细表

代号	名称	型号	规格	数量
M	三相异步电动机	80YS25DY38-X	25 W, 380 V,星形接法	1
QS	电源开关	5SU93461CR16	三级额定电流 16 A	1
FU1	熔断器	RT18-32 3P	配熔体额定电流 4 A	1
FU2	熔断器	RT18-32 2P	配熔体额定电流 2 A	1
KM	交流接触器	3TF4022-0X	线圈额定电压 380 V	1
KA	中间继电器	3TH8022-44E	线圈额定电压 380 V	1
KT1	时间继电器	JSZ3A-B	线圈额定电压 380 V	1
KT2	时间继电器	JSZ3F	线圈额定电压 380 V	1
FR	热过载继电器	3UA5940-0J	整定电流 0.63～1 A	1
SB1	按钮	ZB2BA2C	ZB2BZ101C 带触点基座	1
SB2	按钮	ZB2BA4C	ZB2BE101C 带触点基座	1
	导线		主电路采用 BV1/1.37 mm^2 铜塑线 控制电路采用 BV1/1.13 mm^2 铜塑线 按钮线采用 BVR7/0.75 mm^2 多股软线	若干
	端子板	JT8-2.5		1

(2) 元件安装:元件的安装位置应整齐、均匀,间隔合理便于元件的更换;紧固元件时,用力要均匀,紧固程度适当。

(3) 布线:进行线路布置和号码管的编套。线路安装应遵循由内到外、横平竖直的原则;尽量做到合理布线、就近走线;编码正确、齐全;接线可靠,不松动、不压皮、不反圈、不损伤线芯。

(4) 检查线路正确性:安装完毕的控制线路板,必须经过认真检查以后,才允许通电试车,以防止错接、漏接造成不能正常工作或短路事故。检查时,应选用倍率适当的电阻挡,并进行校零。对控制电路的检查(可断开主电路),可将表笔分别搭在 1、0 线端上,读数应为"∞"。按下启动按钮时,读数应为接触器线圈的冷态直流电阻(500 Ω～2 kΩ)。然后断开控制电路再检查主电路有无开路或短路现象,此时可用手动来代替接触器通电进行检查,测量电阻为"∞",测量电阻为"∞"。

(5) 连接接地保护装置,电动机的金属外壳必须可靠接地。

(6) 连接电源、电动机等控制板外的导线。

(7) 调试:具体调试步骤可参照三相异步电动机延时启动、延时停止控制线路工作原理。

技能考核

(1) 完成三相异步电动机延时启动、延时停止控制线路安装、调试。

(2) 按线路图书面回答问题。

1) 如果KT1时间继电器的延时触点和KT2时间继电器的延时触点互换,这种接法对电路有何影响?

2) 如果电路出现只能延时启动,不能延时停止控制的现象,试分析产生该故障的接线方面的可能原因。

课题 24 三相异步电动机连续与点动混合控制线路故障的分析与排除

实训目的

(1) 掌握三相异步电动机连续与点动混合控制线路故障分析及排除方法。
(2) 能执行电气安全操作规程。

任务分析

掌握电气控制原理,能正确选择合适的低压控制电器,根据电气控制电路图进行安装、调试。遇到电气故障能分析故障原因并利用仪表快速进行判断、修复。

基础知识

一、三相异步电动机连续与点动混合控制线路分析

控制线路排故图如图 24-1 所示,典型故障分析见表 24-1。

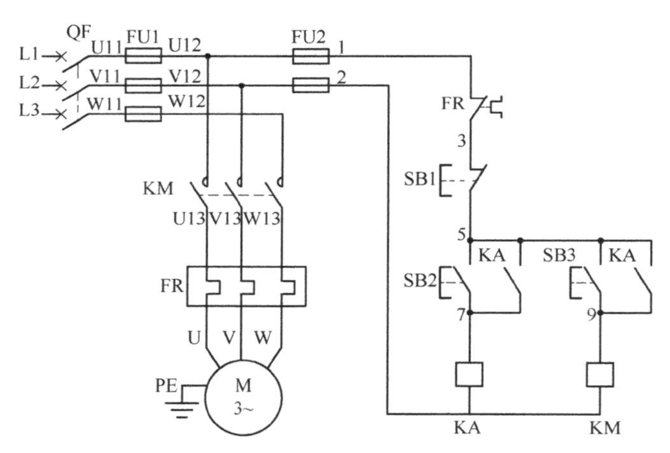

图 24-1 三相异步电动机连续与点动混合控制线路排故图

表 24-1 典型故障分析

故障现象	故障原因分析	排除故障方法
全部工作失灵	1. 供电是否正常 2. 熔丝是否损坏 3. 热继电器是否过载保护 4. 控制电路中公共电路连接导线是否损坏及各元件是否损坏	1. 检查供电是否正常 2. 检查熔丝是否损坏 3. 检查热继电器是否过载保护 4. 检查控制电路中公共电路连接导线、各元件
按下 SB2 时,电动机连续工作失灵,按下 SB3 时,电动机点动工作正常	1. 中间继电器 KA 线圈控制线路中连接导线是否损坏 2. 启动按钮 SB2 是否损坏 3. 中间继电器 KA 线圈是否断路	1. 检查中间继电器 KA 控制线路 2. 检查启动按钮 SB2 3. 检查中间继电器 KA 线圈

（续表）

故障现象	故障原因分析	排除故障方法
按下SB3时，电动机点动工作失灵，按下SB2时，电动机连续工作正常	1. 接触器KM线圈控制线路中连接导线是否损坏 2. 启动按钮SB3是否损坏 3. 接触器KM线圈是否断路	1. 检查接触器KM线圈控制线路 2. 检查启动按钮SB3 3. 接触器KM线圈
按下SB2时，电动机点动工作	1. 中间继电器KA常开触点是否闭合 2. 中间继电器KA的2副辅助触点电路中连接导线是否损坏	检查中间继电器KA(5＃～7＃)自锁电路中连接导线或KA常开触点

二、检修方法

电气控制线路在运行中会发生各种故障，严重的会引起事故。故障主要表现为电器的绕组过热、冒烟、烧毁；元件调整不当损坏，连接导线老化断裂；电动机过载烧毁或因长期未进行维护保养，导致线路产生故障，需进行检修，使线路恢复正常运行。

电气设备发生故障后应先进行故障调查，了解故障现象，依据电气原理进行故障点判断。

(1) 故障调查：故障的直观调查有"问、看、听、摸、嗅"五种方法。

1) 问：向操作者询问故障发生前后经过情况，操作程序有无失误及频繁启动、制动等。

2) 看：观察熔断器熔体是否熔断，电子元件有无烧毁、断线，连接导线松动等现象。

3) 听：听变压器、电动机等有无异常声音。

4) 摸：断开电源，用手触摸变压器、电动机和电磁线圈温升是否异常。

5) 嗅：嗅闻变压器、电动机及电磁线圈有无异味。

(2) 故障判断：经过故障调查后，综合故障现象依据电气原理进行故障分析判断故障。

1) 熟悉电气原理。

电气控制线路基本上由主电路和控制电路两大部分组成，而控制电路又有若干个控制环节。分析故障时应从主电路入手观察电动机运转情况，再根据故障现象，按线路工作原理进行分析，找出故障发生在主电路或是控制电路的确切部位。

2) 排除机械故障干扰。

电气控制线路中，电子元件的动作控制着机械动作，它们有着联动关系。在分析电气故障的同时，应分析机械部分故障而引起电气故障的因素，方法主要有电压法和电阻法两类，步骤主要分以下三步：

a. 用试验法观察故障现象，初步判定故障范围。

试验法是在不扩大故障范围，不损坏电气设备和机械设备的前提下，对线路进行通电试验，通过观察电气设备和电子元件的动作，看它是否正常，各控制环节的动作程序是否符合要求，找出故障发生的部位或回路。

b. 用逻辑分析法缩小故障范围。

逻辑分析法是根据电气控制线路的工作原理、控制环节的动作程序及它们之间的联系，结合故障现象作具体的分析，迅速地缩小故障范围，从而判断出故障所在。这种方法是一种以判断准确为前提，尽快查出故障点为目的的检查方法，特别适用于对复杂线路的故障检查。

c. 用测量法确定故障点。

测量法是利用电工工具和仪表，如测电笔、万用表、钳形电流表、兆欧表等对线路进行带电或断电测量，是查找故障的有效方法。

电阻法：按启动按钮 SB2，中间继电器 KA 不吸合，说明 KA 线圈得电回路有故障。检查时，先断开电源，把万用表转换到电阻挡，按下 SB1 不放，测量 1 号线与 2 号线两点间的电阻。如果电阻为无穷大，说明电路断路；然后逐段分阶测量各点的电阻。当测量到某标号时，若电阻突然增大，说明表笔刚跨过的触头或连接线接触不良或断路。逐段测量相邻两标号点的电阻。如测量某两点间电阻很大，说明该触头接触不良或导线断路。分段电阻测量法如图 24－2 所示。

电阻测量法的优点是安全，缺点是测量电阻不准确时易造成判断错误，为此应注意下述几点：

① 用电阻测量法检查故障时一定要断开电源；

② 所测量电路如与其他电路并联，必须将该电路与其他电路断开，否则所测电阻不准确；

③ 测量高电阻电子元件，要将万用表的电阻挡扳到适当的位置。

电压法：首先将万用表的转换开关置于交流电压 500 V 的挡位上，然后按如下方法进行测量。先用万用表测量如图 24－3 所示 1 号线与 2 号线两点间的电压，若为 380 V，则说明电源电压正常。然后按下启动按钮 SB2，若中间继电器 KA 不吸合，则说明电路有故障。这时可用万用表的红、黑两根表笔逐段测量相邻两点 1－3、3－5、5－7、7－2 之间的电压，检测若有电压，说明该检测段为开路故障。即根据测量结果可找出故障点，见表 24－2。

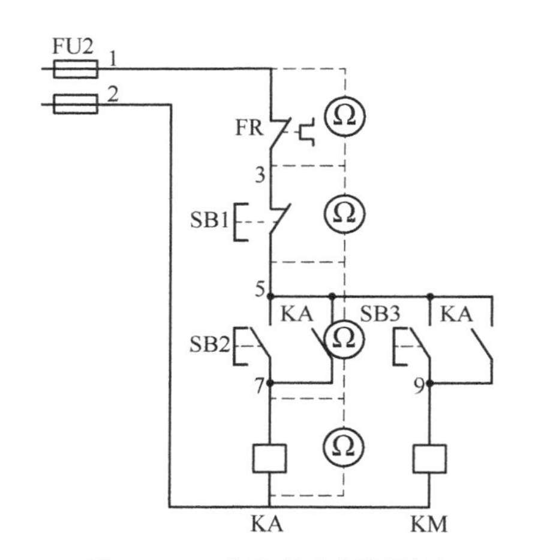

图 24－2　电阻的分段测量法

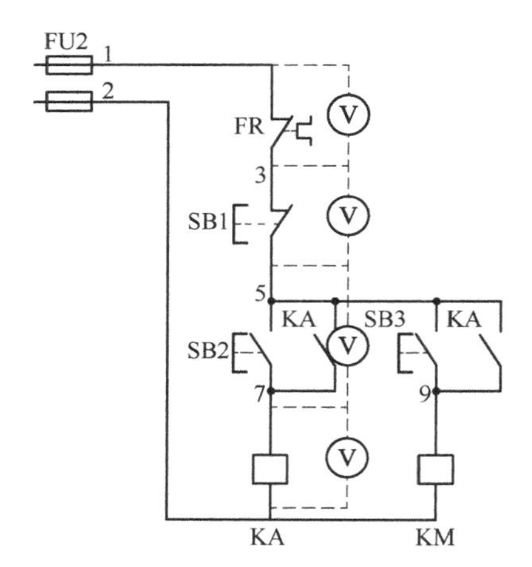

图 24－3　电压分段测量法

表 24－2　电压分段测量法所测电压值及故障点

故障现象	测试状态	1－3	3－5	5－7	7－2	故障原因
按下 SB2 时，KA 线圈不吸合	按下 SB2 不放	380 V	0 V	0 V	0 V	FR 常闭触头接触不良或连接导线断路
		0 V	380 V	0 V	0 V	SB1 触头接触不良或连接导线断路
		0 V	0 V	380 V	0 V	SB2 触头接触不良或连接导线断路
		0 V	0 V	0 V	380 V	KA 线圈断路或连接导线断路

技能训练

一、训练要求

（1）根据给定的设备和仪器仪表，在规定时间内完成故障检查及排除工作，达到规定的要求。

（2）接通电源，自行判断工作现象，并将故障内容填入答题卷中。

（3）根据故障现象，作简要分析，并填入答题卷中。

（4）用万用表等工具进行检查，寻找故障点，将实际具体故障点填入答题卷中。

（5）安全生产、文明操作。

（6）技能考核时间：30 min。

二、训练内容

根据给定的三相异步电动机连续与点动混合控制线路模拟实训台和三相异步电动机连续与点动混合控制线路排故图，利用万用表等工具进行检查，对故障现象和原因进行分析，找出实际具体故障点。

三、训练使用的设备、工具、材料

（1）三相异步电动机连续与点动混合控制线路模拟实训台。

（2）三相异步电动机连续与点动混合控制线路排故图。

（3）电工常用工具、万用表。

四、训练步骤

1. 观察故障现象。
2. 根据故障现象，简要分析可能引起故障的原因。
3. 用万用表进行检查，寻找故障点。
4. 排除故障。
5. 检修时，不得损坏电子元件，严禁扩大故障范围或产生新的故障。
6. 用万用表电阻挡测量时必须切断总电源。
7. 观察故障现象，填写入卷。根据故障现象，简要分析可能引起故障的原因。

技能考核

分析故障。

故障现象：____

分析可能的故障原因：____

____

____

____

____

____

____

____

写出实际故障点：____

故障现象：____

分析可能的故障原因：________________________________

____

____

____

____

____

____

____

写出实际故障点：__________________________________

课题 25 三相异步电动机正反转控制电路故障的分析与排除

实训目的

（1）掌握三相异步电动机正反转控制电路故障分析及排除方法。

（2）能执行电气安全操作规程。

任务分析

根据三相异步电动机正反转控制电路图，能正确对电气故障进行判断、分析。使用仪表快速完成三相异步电动机正反转控制电路故障检查及排除。

基础知识

一、三相异步电动机正反转控制电路分析

1. 排故电路图

排故图如图 25－1 所示。

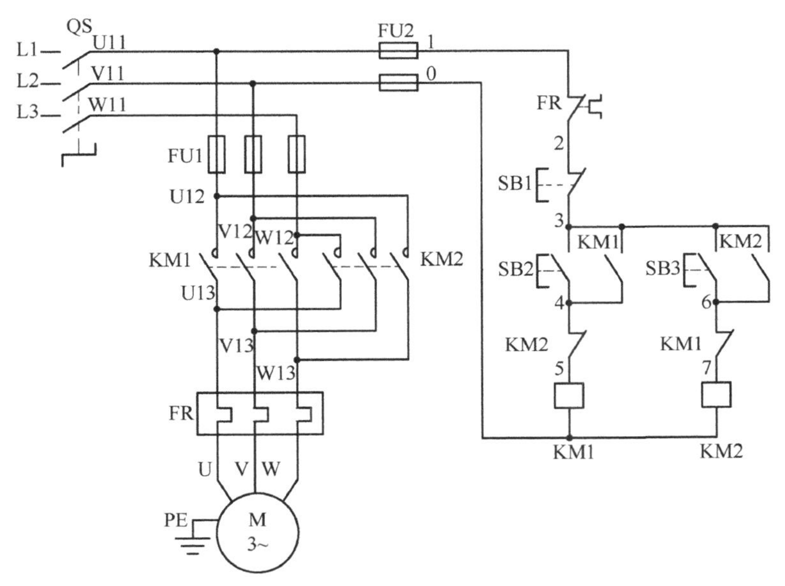

图 25－1 三相异步电动机正反转控制电路排故图

2. 典型故障分析

典型故障分析见表 25－1。

表 25-1　典型故障分析

故障现象	故障原因分析	排除故障方法
全部工作失灵	1. 电源供电是否正常 2. 熔丝是否损坏 3. 热继电器是否过载保护 4. 控制电路中公共电路连接导线是否损坏及各元件是否损坏	1. 检查电源供电是否正常 2. 检查熔丝是否损坏 3. 检查热继电器是否过载保护 4. 检查控制电路中公共电路连接导线、各元件
按下启动按钮 SB2，正转(接触器 KM1 线圈不工作)无法启动，反转正常	1. 正转控制电路中连接导线或元件是否损坏 2. 启动按钮 SB2 是否损坏 3. 接触器 KM2 常闭触点是否断开 4. 接触器 KM1 的线圈是否短路	1. 检查正转控制电路连接导线 2. 检查启动按钮 SB2 3. 检查接触器 KM2 常闭触点 4. 检查接触器 KM1 的线圈
按下启动按钮 SB3，反转(接触器 KM2 线圈不工作)无法启动，正转正常	1. 反转控制电路中连接导线或元件是否损坏 2. 启动按钮 SB3 是否损坏 3. 接触器 KM1 常闭触点是否断开 4. 接触器 KM2 的线圈是否短路	1. 检查反转控制电路连接导线 2. 检查启动按钮 SB3 3. 检查接触器 KM1 常闭触点 4. 检查接触器 KM2 的线圈
按下启动按钮 SB2，正转自锁失灵	1. 接触器 KM1 常开触点是否闭合 2. 正转自锁电路中连接导线或元件是否损坏	1. 检查接触器 KM1 常开触点 2. 检查正转自锁电路连接导线
按下启动按钮 SB3，反转自锁失灵	1. 接触器 KM2 常开触点是否闭合 2. 反转自锁电路中连接导线或元件是否损坏	1. 检查接触器 KM2 常开触点 2. 检查反转自锁电路连接导线

3. 故障检查

一般使用万用表、兆欧表、钳形电流表等仪表来进行检查。

(1) 用万用表检查：使用电压法及电阻法来进行电路通电或断电情况下检查。

1) 电压法。

用万用表的交流电压挡的适当量程测量电路中各点电压是否正常，如图 25-2 所示。

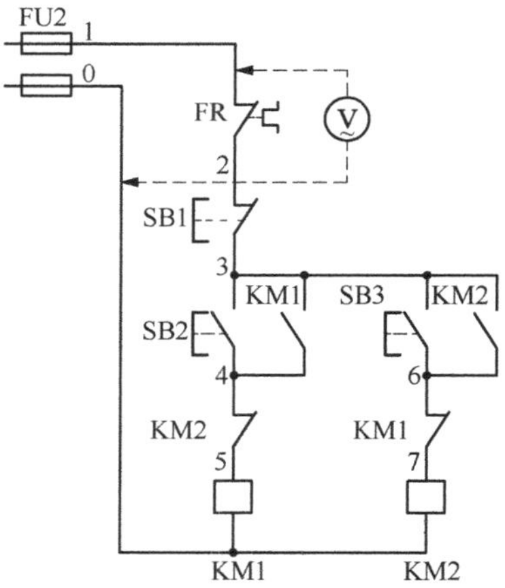

图 25-2　电压法检测电路

2) 电阻法。

用万用表电阻挡测量元件是否断路或短路，如图 25-3 所示。连接导线有无开路，如图 25-4 所示。注意：电阻挡测量时必须在线路断电后进行。

(2) 用兆欧表检查。

测量电动机的绝缘电阻，以判断绕组是否绝缘损坏或与外壳短路。测量时应注意额定电压，500 V 以下的电气设备可选 500 V 或 1 000 V 兆欧表；额定电压 500 V 以上的电气设备可选 2 500 V 兆欧表。500 V 以下的电气设备绝缘电阻应大于 0.5 MΩ。

(3) 用钳形电流表检查。

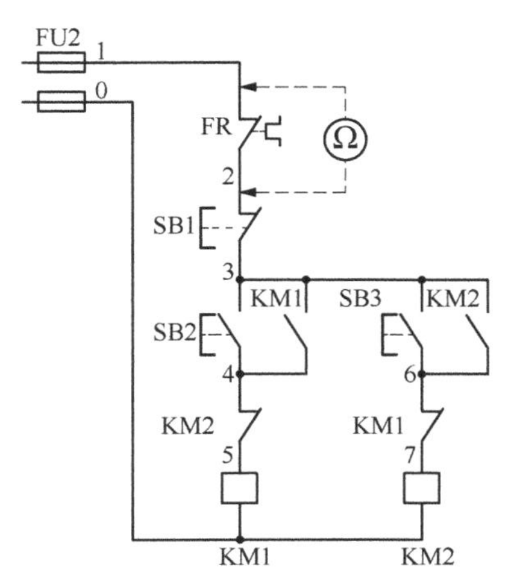

图 25－3　电阻法检测元件是否断路或短路

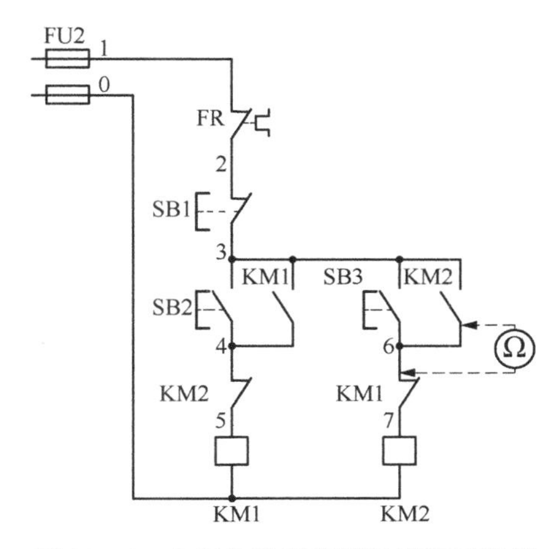

图 25－4　电阻法检测连接导线有无断线

测量电动机的三相绕组电流是否平衡，判断绕组有无短路，或有无因其他机械原因引起的过载等。

技能训练

一、训练要求

（1）根据给定的设备和仪器仪表，在规定时间内完成故障检查及排除工作，达到规定的要求。

（2）接通电源，自行判断工作现象，并将故障内容填入答题卷中。

（3）根据故障现象，作简要分析，并填入答题卷中。

（4）用万用表等工具进行检查，寻找故障点，将实际具体故障点填入答题卷中。

（5）安全生产、文明操作。

（6）技能考核时间：30 min。

二、训练内容

根据给定的三相异步电动机正反转控制电路模拟实训台和三相异步电动机正反转控制电路排故图，利用万用表等工具进行检查，对故障现象和原因进行分析，找出实际具体故障点。

三、训练使用的设备、工具、材料

（1）三相异步电动机正反转控制电气控制电路模拟实训台。

（2）三相异步电动机正反转控制电路排故图。

（3）电工常用工具、万用表。

四、训练步骤

（1）观察故障现象。

（2）根据故障现象，简要分析可能引起故障的原因。

（3）用万用表进行检查，寻找故障点。

（4）排除故障。

（5）检修时，不得损坏电子元件，严禁扩大故障范围或产生新的故障。

（6）用万用表电阻挡测量时必须切断总电源。

（7）观察故障现象，填写入卷。根据故障现象，简要分析可能引起故障的原因。

技能考核

分析故障。

故障现象：________________

分析可能的故障原因：________________

____

____

____

____

____

____

____

写出实际故障点：________________

故障现象：________________

分析可能的故障原因：________________

____

____

____

____

____

____

____

写出实际故障点：________________

课题 26　三相异步电动机星～三角减压启动控制电路故障的分析与排除

实训目的

(1) 掌握三相异步电动机星～三角减压启动控制电路工作原理。

(2) 掌握三相异步电动机星～三角减压启动控制电路故障检查、分析及排除方法。

任务分析

根据三相异步电动机星～三角减压启动控制电路图，能正确对电气故障进行判断、分析。使用仪表快速完成三相异步电动机星～三角减压启动控制线路故障检查及排除。

基础知识

三相异步电动机星～三角启动控制故障分析

1. 排故电路图

排故图如图 26－1 所示。

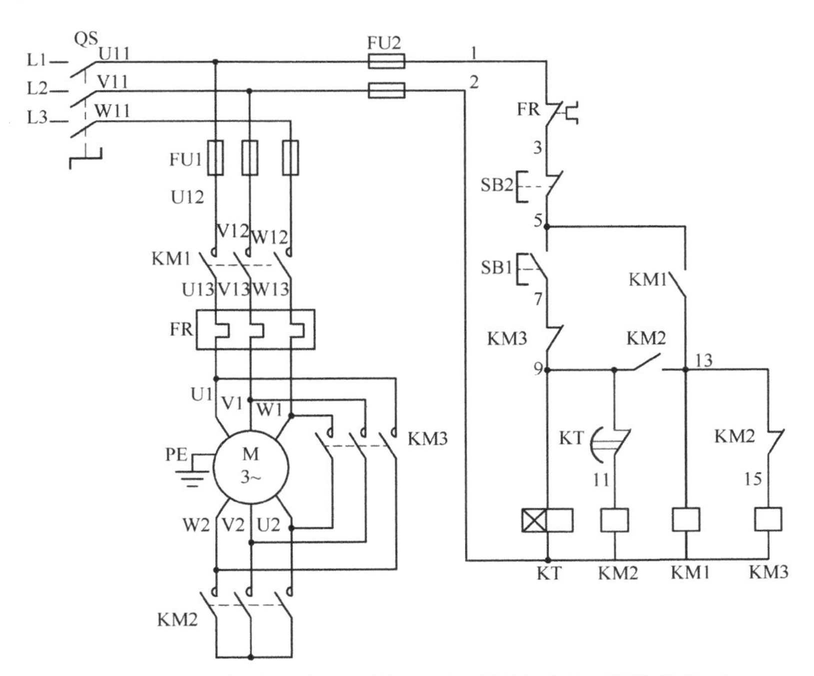

图 26－1　三相异步电动机星～三角减压启动控制线路排故图

2. 主电路典型故障分析

典型故障主要表现为星形启动缺相、三角形运转正常，星形启动正常、三角形运转缺相，星形启动及三角形运转均缺相等故障。

(1) 星形缺相。

1）故障分析。

电动机星形启动时缺相而三角形运转时正常，说明电动机三相电源均正常，故障点应在星形并头的接触器 KM2 上，或连接导线上。

2）故障检查。

用万用表电阻挡(最小电阻挡位)检查接触器 KM2 主触点接触是否良好，触点有无烧毁。连接导线端有无松脱或断线。作星形连接的连接并头端有无松脱或断线。

3）故障排除。

接触器触点有故障予以修理或调换，导线松脱予以紧固，断线予以调换。

(2) 三角形缺相。

1）故障分析。

电动机星形启动时正常，而三角形运行时缺相，说明电动机及三相电源正常。故障点应在三角形并头的接触器 KM3 上，或连接导线上。

2）故障检查。

用万用表电阻(最小电阻挡位)挡检查接触器 KM3 主触点接触是否良好，触点有无烧断。连接导线线端有无松脱或断线。

3）故障排除。

接触器触点有故障予以修理或调换，导线松脱予以紧固，断线予以更换。

(3) 星形与三角形均缺相。

1）故障分析。

电动机星形、三角形均缺相，故障范围较大，有以下几种可能：电源 W 相缺相，FU1 熔芯断，接触器 KM 主触点接触不良或烧断，热继电器 FR 热元件烧断，连接导线松脱或断线，电动机绕组断，均可造成星形、三角形均缺相的故障。

2）故障检查。

用万用表交流电压 500 V 挡测量电动机 M 接线端子上 U1、V1、W1、U2、V2、W2 的线电压，如电压正常则故障在电动机绕组上，用万用表电阻挡测量电动机绕组是否断开。如接线端子上测量线电压不正常，则故障点在配电板上。用万用表查主电路三相电源中电压是否正常，检查到哪一级电压不正常，则断开电源用万用表电阻挡检查熔断器 FU1 熔芯、接触器 KM 主触点、热继电器 FR 热元件或连接导线是否断开。

3）故障排除。

检查得出故障所在点后，予以修理或更换元件。拆换元件或紧固导线连接点的操作，必须断开电源并做好标记进行，避免扩大故障。

3. 控制电路故障典型故障分析

典型故障主要表现为电动机无法启动、电动机为点动状态、电动机能星形启动而不能转换成三角形运转等故障。

(1) 电动机无法启动。

1）故障分析。

电动机无法启动分两种情况：一种情况是按 SB1 按钮，全无动作，则故障点可能是 FU2 熔断器的熔芯断，FR 热继电器控制动断触点断开；SB1，SB2 按钮坏，接触器 KM3 互锁常闭触点故障或连接导线松脱或断线；另一种情况是时间继电器 KT 能闭合，但接触器 KM1、KM2 不动作，电动机无法启动，故障点主要在时间继电器 KT 延时断开常闭触点损坏或连接导线松脱或断线；接触器 KM1，KM2 线圈烧坏。

2）故障检查。

用万用表交流电压 500 V 电压挡测量 FU2 两端的电压，如哪一端不正常，断开电源用万用表电阻挡（最小电阻挡位）测量触点或连接导线是否正常。时间继电器 KT 能闭合，电动机仍无法启动，用万用表电阻挡（最小电阻挡位）测量时间继电器 KT 延时触点、接触器 KM2 常开辅助触点，以及接触器 KM1，KM2 线圈连接线是否正常；接触器 KM1，KM2 线圈是否烧断。

3）故障排除。

按检查结果得出故障所在点后，予以修理元器件或更换电子元件，紧固连接导线或更换导线。

（2）电动机点动运行。

1）故障分析。

电动机作点动状态运行故障，分析时先闭合电源按下 SB1 不放，观察星形启动转换三角运行是否正常则可判断故障范围。如果转换正常，则接触器 KM1 动合常开触点及 KM1 自锁连线端有故障。

2）故障检查。

断开电源，用万用表电阻挡（最小电阻挡位）测量接触器 KM1 动合常开触点及两端连线是否正常。

3）故障排除。

经检查发现接触器触点接触不良予以修理，连接导线接触不良或断线予以紧固或更换导线。

（3）电动机星形启动正常，无法转换成三角形运行。

1）故障分析。

电动机能星形启动，不能三角形运行，故障主要在接触器 KM2 动断常闭触点及连线断开，接触器 KM3 线圈断开及线圈线端松脱及断线。

2）故障检查。

用万用表电阻挡（最小电阻挡位）测量接触器 KM2 动断常闭触点及连线，KM3 线圈及线圈线端。

3）故障排除。

经检查，如发现接触器触点与线圈断开，予以修理或更换，连线接触不良或断线予以紧固或更换导线。

技能训练

一、训练要求

（1）根据给定的设备和仪器仪表，在规定时间内完成故障检查及排除工作，达到规定的要求。

（2）接通电源，自行判断工作现象，并将故障内容填入答题卷中。

（3）根据故障现象，作简要分析，并填入答题卷中。

（4）用万用表等工具进行检查，寻找故障点，将实际具体故障点填入答题卷中。

（5）安全生产、文明操作。

（6）技能考核时间：30 min。

二、训练内容

根据给定的三相异步电动机星～三角启动控制电路模拟实训台和三相异步电动机星～三角启动控制线路图，利用万用表等工具进行检查，对故障现象和原因进行分析，找出实际具体故障点。

三、训练使用的设备、工具、材料

(1) 三相异步电动机星～三角减压启动控制电气控制电路模拟实训台。

(2) 三相异步电动机星～三角减压启动控制线路排故图。

(3) 电工常用工具、万用表。

四、训练步骤

(1) 观察故障现象。

(2) 根据故障现象，简要分析可能引起故障的原因。

(3) 用万用表进行检查，寻找故障点。

(4) 排除故障。

(5) 检修时，不得损坏电子元件，严禁扩大故障范围或产生新的故障。

(6) 用万用表电阻挡测量时必须切断总电源。

(7) 观察故障现象，填写入卷。根据故障现象，简要分析可能引起故障的原因。

技能考核

分析故障。

故障现象：____

分析可能的故障原因：________________________________

____

____

____

____

____

____

____

写出实际故障点：____________________________________

故障现象：____

分析可能的故障原因：

____

____

____

____

____

____

____

____

写出实际故障点：____________________________________

课题27 三相异步电动机延时启动、延时停止控制电路故障的分析与排除

实训目的

(1) 掌握三相异步电动机延时启动、延时停止控制电路故障分析及排除方法。

(2) 能执行电气安全操作规程。

任务分析

根据三相异步电动机延时启动、延时停止控制电路图，能正确对电气故障进行判断、分析。使用仪表快速完成三相异步电动机延时启动、延时停止控制电路故障检查及排除。

基础知识

三相异步电动机延时启动、延时停止控制电路分析

1. 排故电路图

排故图如图27-1所示。

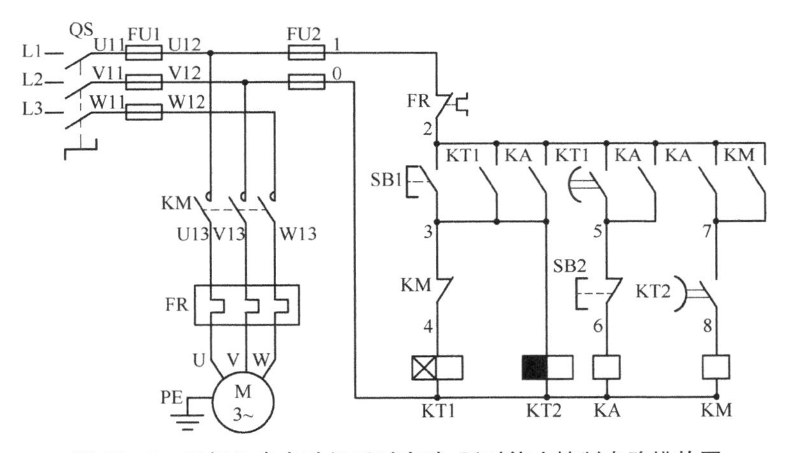

图27-1 三相异步电动机延时启动、延时停止控制电路排故图

2. 典型故障分析(表27-1)

表27-1 典型故障分析

故障现象	故障原因分析	排除故障方法
全部工作失灵	1. 供电是否正常 2. 熔丝是否损坏 3. 热继电器是否过载保护 4. 启动按钮SB1是否损坏 5. 控制电路中公共电路连接导线是否损坏及各电子元件是否损坏	1. 检查供电是否正常 2. 检查熔丝是否损坏 3. 检查热继电器是否过载保护 4. 检查启动按钮SB1 5. 检查控制电路中公共电路连接导线、各电子元件

(续表)

故障现象	故障原因分析	排除故障方法
按下SB1,电动机延时启动工作正常,按下停止SB2时,电动机停止失灵	1. 中间继电器KA、时间继电器KT2、接触器KM的辅助触点是否熔焊 2. 停止按钮SB2是否熔焊	1. 检查中间继电器KA、时间继电器KT2、接触器KM的辅助触点 2. 检查停止按钮SB2
按下SB1,电动机延时启动无自锁	1. 中间继电器KA、时间继电器KT1的辅助触点连接导线是否损坏 2. 中间继电器KA、时间继电器KT1的辅助触点是否损坏	1. 检查2号线→KM常开→7号线,以上电路中连接导线 2. 接触器KM的辅助触点
按下SB1时,电动机延时启动工作失灵(KA线圈不工作)	1. 中间继电器KA线圈控制电路连接导线是否损坏 2. 中间继电器KA线圈是否损坏	1. 检查2号线→KT1常开→5号线→SB2常闭→6号线→KA线圈→0号线,以上电路中连接导线 2. 检查中间继电器KA线圈

3. 故障检查

一般使用万用表、兆欧表、钳形电流表等仪表来进行检查。

技能训练

一、训练要求

(1) 根据给定的设备和仪器仪表,在规定时间内完成故障检查及排除工作,达到规定的要求。

(2) 接通电源,自行判断工作现象,并将故障内容填入答题卷中。

(3) 根据故障现象,作简要分析,并填入答题卷中。

(4) 用万用表等工具进行检查,寻找故障点,将实际具体故障点填入答题中。

(5) 安全生产、文明操作。

(6) 技能考核时间:30 min。

二、训练内容

根据给定的三相异步电动机延时启动、延时停止控制电路实训台和三相异步电动机延时启动、延时停止控制电路排故原理图,利用万用表等工具进行检查,对故障现象和原因进行分析,找出实际具体故障点。

三、训练使用的设备、工具、材料

(1) 三相异步电动机延时启动、延时停止控制电路模拟实训台。

(2) 三相异步电动机延时启动、延时停止控制电路排故图。

(3) 电工常用工具、万用表。

四、训练步骤

(1) 观察故障现象。

(2) 根据故障现象,简要分析可能引起故障的原因。

(3) 用万用表进行检查,寻找故障点。

(4) 排除故障。

(5) 检修时,不得损坏电子元件,严禁扩大故障范围或产生新的故障。

(6) 用万用表电阻挡测量时必须切断总电源。

(7) 观察故障现象，填写入卷。根据故障现象，简要分析可能引起故障的原因。

技能考核

分析故障。

故障现象：____

分析可能的故障原因：____

____

____

____

____

____

____

____

写出实际故障点：____

故障现象：____

分析可能的故障原因：____

____

____

____

____

____

____

____

写出实际故障点：____